图说玉米

生长异常及诊治

陈亚东◎著

中国农业出版社

图书在版编目（CIP）数据

图说玉米生长异常及诊治/陈亚东著，—北京：
中国农业出版社，2016.11（2023.7重印）
ISBN 978-7-109-22350-9

Ⅰ.①图…　Ⅱ.　①陈…　Ⅲ.①玉米-发育异常-防治
-图解　Ⅳ.①S435.13-64

中国版本图书馆CIP数据核字（2016）第271502号

中国农业出版社出版
（北京市朝阳区麦子店街18号楼）
（邮政编码 100125）
责任编辑　郭银巧　黄　宇

北京通州皇家印刷厂印刷　　新华书店北京发行所发行
2016年11月第1版　　2023年7月北京第12次印刷

开本：880mm×1230mm　1/32　　印张：3.75
字数：105 千字
定价：28.00 元
（凡本版图书出现印刷、装订错误，请向出版社发行部调换）

前 言 FOREWORD

玉米是我国主要的粮食作物之一，也是重要的饲料作物和工业原料，同时种植玉米也是我国玉米主产区农民的主要收入来源之一。因此稳定和提高玉米单产，对增加农民收入，保证国家粮食安全，发展玉米深加工产业和促进畜牧业发展意义重大。

玉米从播种到成熟要经历3～4个月的时间，这期间要遭受风雹雨涝、高温干旱、低温霜冻等异常气候的影响，还会受到人为农事操作失当、鼠鸟虫菌的侵染危害，从而导致玉米发生卷心、红叶、花叶、空秆、雌穗缺粒、雄穗肉质化等生长异常现象。这些生长异常现象导致玉米产量降低，品质下降，农民收入减少。由于农户对形成这些生长异常现象的原因不了解，往往认为是种子、化肥等农资质量差引起，而与农资经营者发生纠纷，在纠纷得不到解决的情况下矛盾激化引起斗殴、上访等影响社会稳定的事件。

　　作者从事基层农技推广工作多年，参与解决了较多玉米生长异常现象引起的纠纷事件，拍摄了很多照片，积累了不少经验，在参阅了很多专家学者的著作后编写了这本小册子。该书共72个问题，每个问题都有识别特征、发生规律、防治或预防措施，同时配有原色图片。该书前39个问题主要以灾害性天气、药害、肥害等生理性原因引起的生长异常为主，如玉米香蕉穗、卷曲苗、畸形根等；后33个问题主要以真菌、细菌、病毒和害虫引起玉米生长异常为主，如叶片斑点、穗腐、死苗、植株矮化等。该书文字力求简洁明了，通俗易懂，可供基层农技推广人员、农资经营者、玉米种植大户和广大农民参考使用。

　　该书在编写过程中得到了很多单位和同仁的大力支持，在此一并表示感谢。由于作者水平和所在区域的限制，书中的内容难免存在一定的局限性，读者在参考应用时一定要考虑当地的气候和种植习惯，以免发生损失；书中定有疏漏和错误之处，敬请各位读者提出宝贵意见，以便修改和完善。

编　者

2016年10月30日

目 录 CONTENTS

1. 玉米为什么出苗不好？

（1）种子自身发芽率不足。播种前要做出苗试验，出苗率达到85%方可使用。有的种子因存放时间过长，发芽率虽能达到85%，但有芽无势，不能正常出苗，形成"地里苗"。

（2）播种质量或整地质量差。播种过深，会因种子吸水过多导致窒息死亡；而播种过浅，若遇干旱年份会因种子不能正常吸水而影响发芽。有些农户为避免播种时杂草过多而选择在春天耕地，或秋天耕过的地因杂草多，在播种前又旋耕一次。以上做法虽使杂草危害减轻，但土壤缝隙大，不踏实，易跑墒漏墒影响种子发芽，见图1。

图1　播种时墒情不足引起缺苗断垄

（3）肥料烧苗。肥料施用过多，导致土壤溶液浓度过高可造成烧苗，如果肥料中含有氯离子、缩二脲、三氯乙醛等有害物质更容易造成出苗不好，见图2。

（4）害虫为害。如蛴螬、蝼蛄、地老虎等害虫为害。

图2　肥料烧苗而不能正常出苗

（5）不良天气因素影响。地温低会降低种子的发芽率和发芽势，雨水过多会阻碍种子正常呼吸，并容易使种子遭受霉菌侵袭，引起烂种。

（6）播种机具问题。播种机手粗心大意，对播种机操作使用技术不熟练，造成漏播、下种不均，见图3。

图3　播种机漏播

图4、图5、图6所示播种的玉米品种为先玉335，单粒点播。播

种机手担心播种过浅出苗率降低，较其他品种增加了播深，在该品种将要出苗而其他品种已出苗情况下，突降暴雨使垄台泥土淤积垄沟，增加了玉米幼芽覆土厚度，暴雨过后又暴晴，导致田间泥土形成僵硬土块，种子不能顶土形成畸形。

图4　破除硬土层后畸形芽

图5　播种过深不能正常出苗

图6　播种过深在土里形成畸形芽

2. 玉米苗期（1～2叶幼苗）为什么会有叶片卷曲、拧抱等畸形苗？

（1）玉米黄呆蓟马为害。具体防治方法参照第60题。

（2）除草剂为害。主要发生在幼苗刚出土到2叶前，玉米心叶不能正常抽出，幼叶皱缩扭曲不能完全展开，形成D形苗，植株矮化、叶片畸形，出苗率低（图7、图8、图9）。一般发生在使用乙草胺·莠去津、异丙草胺·莠去津、甲草胺·乙草胺·莠去

图7　D形苗

图8　乙·莠·滴丁酯为害状（刚出苗）　图9　乙·莠·滴丁酯为害状（2叶）

津、乙草胺·莠去津·滴丁酯等封闭性除草剂地块。该类药剂为选择性芽前除草剂，一般对玉米安全，使用不当时会抑制玉米的根和幼芽的生长。当施药时遇到低温高湿条件、田间有积水，或施药后遇强降雨，盲目增加药量，同一药剂多年使用时，易发生药害。

（3）害虫为害引起秃尖幼苗，如图10。

（4）覆土过深，泥沙淤积也易引起畸形苗，见图11。

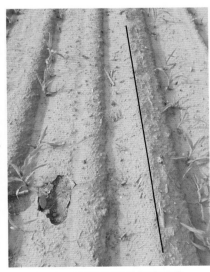

图10　秃尖幼苗（害虫为害）　　　图11　泥沙淤积引起畸形苗

防治措施：①轻度可自然恢复。畸形苗较少时可通过间苗拔除或掐除卷曲部分叶片，田间大量植株受害时，建议重播。②及时排水，提高土壤透气性，减轻药害。③玉米幼苗2叶后，及时喷0.1%芸薹素内酯粉剂2克+10%吡虫啉可湿性粉剂10克兑水15千克，或99%磷酸二氢钾50克+尿素100～150克+10%吡虫啉可湿性粉剂10克兑水15千克进行叶面喷雾，以缓解药害并预防蓟马为害。④病虫为害引起刚出土幼苗顶尖破损或断裂，及时防治害虫。⑤泥沙淤积畸形苗长势衰弱，面积小可清土扒苗，面积大要及时毁种。

3. 为什么玉米会长香蕉穗？

玉米同一个果穗柄上长出2～5个小型果穗，穗茎相连，形似香蕉，农民俗称香蕉穗或娃娃穗，见图12。

玉米雌穗及果穗柄在植物学上属于变态的侧茎，果穗柄是短缩的茎秆（图13），各节生一个仅有叶鞘的变态叶（苞叶），在苞叶的叶腋中潜伏着一定数量的腋芽。正常情况下，顶芽发育成果穗，其他腋芽都不发育。在主果穗生长受抑制或有穗无粒时，而叶片生长正常，光合作用积累较多养分的情况下，就形成营养的二次分配，刺激潜伏芽的萌动，发育成次生果穗，从而形成香蕉穗，其主要原因有：

图12　典型香蕉穗

果穗柄

图13　形似茎秆的果穗柄

（1）异常的气候条件。以下3种情况可以造成主果穗生长受到抑制或发育不良，刺激潜伏芽发育形成香蕉穗。① 雌穗分化形成期遇到严重干旱和低温造成主果穗发育不良。② 极端气候常造成花期不遇，主穗未能授粉，造成空穗。③ 抽雄扬花期遇高温干旱或连阴雨，造成花丝干枯，或花粉失去生命力，雌穗未能授粉受精，从而形成主果穗异常。

（2）病虫为害。玉米穗分化期遇到玉米螟、蚜虫及穗腐病、圆斑病等为害，也会影响主果穗的正常发育，从而刺激潜伏芽发育形成香蕉穗（图14，图15）。

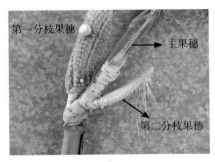

图14　主果穗腐烂，产生两个分枝果穗

图15　钻心虫为害诱发香蕉穗

（3）栽培措施失当。①播种期过早，穗分化期遇到低温，主果穗发育不良形成"香蕉穗"。如唐山市丰润区韩城镇等地3月底种植的地膜黏玉米京科糯2000、玉田县部分农户在4月初种植的地膜玉米等，每年都有不同程度的发生。② 一些稀植或中密度品种，由于密度过大，导致田间郁闭，叶片相互遮挡而授粉不良，使主果穗不能正常发育。如图12为宽诚15号，密度为5 100株／亩，超出种植要求600株左右，从而成为"香蕉穗"。

具体防治措施：①选用密植型品种，逐步淘汰高秆大穗型品种；适时播种，播期适当延后；合理密植；加强田间管理，及时防治病虫害。②在出现"香蕉穗"时，及时掰掉不正常小果穗，保留一个正常生长果穗，视情况剪掉较长花丝，并进行人工授粉。

4. 为什么一棵玉米上会长多个雌穗（"超生"）？

"超生"是指一株玉米上生长多个雌穗（图16），且雌穗上籽粒很少或没有。这种现象一般发生在播种较早的甜糯玉米或高秆大穗玉米品种上，如东单60号、东单80号、中科10号、盛单216、万孚1号、中单18、承8353、勤吉53等品种。

图16 三果穗同时授粉

玉米的茎秆，除上部4～6节以外，每个茎节上都有腋芽，茎秆下部不伸长节上的腋芽可形成分蘖；伸长节上的腋芽在适宜条件下可进行雌穗分化。在正常情况下，玉米只有上部第六、第七、第八节的腋芽能发育成果穗，并且一株只结一个或两个果穗，先发育的幼果穗有穗位优势，能抑制其他腋芽的穗分化和发育。如春玉米，第六至第八节的腋芽在穗生长发育过程中，其中条件最好的一个雌穗会优先发育，并在生长发育过程中产生生长素，促进体内的养分向该雌穗运送，从而抑制其他幼穗分化和发育。

如果先发育生长的幼穗在不利的环境条件下发育受阻，不能形成足量生长素抑制其他腋芽进行穗分化和发育，其穗位优势就会丧失，而植株叶片生长正常，光合作用能制造充足的营养物质，这时营养就会进行二次分配，玉米秆上就可能结出第二、第三、第四等果穗。此时出现的幼穗，由于玉米正常散粉期已过，一般不能受精结实。这些"超生"的果穗白白消耗了大量养分，造成玉米减产。

引起玉米一株多穗的原因很多，主要是：

（1）品种特性。①品种的遗传因素。品种不同腋芽发育进程也不一样，一些品种在适宜条件下多个腋芽同步分化发育容易形成多穗，有的品种则第一腋芽分化发育优势明显，从而抑制了下一茎节果穗发育进程，不会形成多穗。②品种的生育期。生产中经常发生，在同一地块、同时播种、同样田间管理的情况下，有的品种生长正常，有的品种出现多穗的现象。原因是这些品种的关键生育时期如抽穗、扬花期正好遇上了恶劣的天气，影响了雌穗的生长，而其他品种则避过了不利天气。如2015年唐山北部地区致泰1号、强硕88、和玉1号、华春1号等生育期长的品种与玉单2号、飞天358、伟科702等生育期短的品种同时播种，由于干旱生育期短的品种"超生"严重，而生育期长的品种则较轻。

（2）不利的气候条件。①开花散粉期遇到干旱或连续阴雨寡照天气，会引起雄穗发育不良或花粉吸水膨胀破裂死亡无法受精，从而影响第一雌穗生长。②玉米抽穗前后半个月的需水关键期，遇到干旱天气，会引起雌穗、雄穗抽出的时间间隔延长，导致花期不遇，影响第一雌穗结实。③雌穗吐丝时高温干旱时间过长，花丝失水干枯影响受粉从而影响第一雌穗生长。

（3）肥水条件充足。玉米拔节后的雌穗发育阶段，肥水充足，植株体内过多的营养物质无法消耗，刺激腋芽发育，形成多个果穗。如图17，单株玉米不仅光照条件好，且紧邻白菜地，水肥条件充足从而形成了一株多穗。

图17　肥水条件好引起多穗形成

（4）种植密度过高。植株过密，叶片相互重叠遮荫，花粉不易落到雌穗花丝上，无法正常受精结实，在适宜的环境条件下，促使下一雌穗发育，形成多穗。如图18为高秆大穗型品种盛单216，因密度过高影响授粉而形成多穗。

（5）病虫为害。玉米螟、圆斑病等会导致第一雌穗不能正常结实，植株体内多余的营养会供给其相邻的上下两个果穗发育，如果这两个果穗仍然不能正常结实，营养又会供给其他果穗发育，出现更多的果穗。

粗缩病也会引起多穗现象。玉米粗缩病病毒诱导玉米体内产生激素，从而打破玉米体内的激素平衡，导致第一雌穗的穗位优势丧失，会形成很多小穗子。病株一般节间缩短、矮化，雌穗挤生在一起，见图19。

图18 大穗品种种植密度高引起多穗   图19 玉米粗缩病引起多穗

具体防治措施：①因地制宜选用密植型品种，逐步淘汰高秆大穗型品种；适时播种，避免播种过早；合理密植；加强水肥管理，及时防治病虫害。②在出现一株多穗现象时，应及时掰掉下部的小果穗，保留中间正常生长果穗。如花丝较长仍未授粉，可适当剪掉花丝，并进行人工授粉；如苞叶过长花丝不能正常抽出，可用竹签划破苞叶顶端，促使花丝抽出。

5. 为什么有的玉米会长"阴阳穗"？

"阴阳穗"是指雄穗上长籽粒，雌穗上长雄穗花枝，或顶部雄穗变成雌穗，雌穗变成雄穗的现象。这种现象是玉米的返祖现象。

玉米是雌雄同株异花作物，即雄花序（即天穗）长在植株的顶端，雌花序（即玉米穗）长在植株中下部的叶腋里。当早、中、晚熟期品种的玉米叶片分别长到8、9、10片展叶时，玉米雄穗进入小花分化期，小花原基的基部分化出3个雄蕊原基，中间一个雌蕊原基。在大喇叭口期（早、中、晚熟品种叶片分别长到近9、10、13展叶时）随着雄蕊的迅速伸长分隔形成花药，继而形成花粉，雌蕊停止生长发育而退化，形成正常雄穗。玉米雌穗此时也进入小花分化期，在小花突起基部出现3个雄蕊原始体，中央隆起一个雌蕊原始体。在小花分化末期，3个雄蕊原始体逐渐消失，而雌蕊原始体则迅速发育，发育成正常雌穗。如果在玉米大喇叭口期遭遇干旱、高温、阴雨寡照或病虫为害等不利条件，雌雄穗的分化进程受到影响。有的玉米植株雄穗上雄蕊原基停止分化，或分化进程减慢，而雌蕊则迅速发育，最后形成籽粒。如果整个雄花序的小花都发育成籽粒，就形成如图20植株顶部长雌穗现象；如果雄花序的小花部分发育成籽粒，就形成如图21植株顶部雄穗上长玉米粒现象，这是玉米雄穗返祖现象。而玉米雌穗返祖过程与雄穗返祖过程相反，形成如图22、图23玉米雌穗长雄穗花枝现象。

图20　雄穗长在植株顶部

图21　雄穗花枝上长玉米粒

图22　雌穗上长花枝　　　　　图23　雌穗顶端未退化雄穗分枝

　　播种过早的甜糯玉米、一些品种的较大分蘖相对容易发生返祖现象。在大田生产中，玉米返祖是个别现象，一般不采取措施。但玉米大喇叭口期加强肥水管理可降低发生概率。

6. 玉米为什么会长"孤老秆子"（空秆玉米）？

　　"孤老秆子"即玉米空秆，也称枪杆儿，是指玉米植株未形成雌穗，或有雌穗而无籽粒（图24，图25）。高秆大穗型玉米空秆率高，如东单60、东单80、东单90、盛单216、中科10号等品种。发生原因主要有：

图24　植株中部果穗部位基本无果穗　　　图25　果穗秕小无籽粒

（1）恶劣气候条件。玉米在拔节孕穗期到开花授粉期如遇高温干旱，特别是拔节到抽穗期过分干旱，会使玉米提前抽出雄穗，而雌穗花期延迟，雌雄花期相遇不好，影响正常授粉，造成空秆；玉米抽雄、开花期的适宜温度为 25 ～ 28℃，低于 18℃ 或高于 38℃ 均不能开花，花粉粒在 32 ～ 35℃ 和 30% 相对湿度条件下 1 ～ 2 小时便丧失生活力，花丝也易枯萎，因此高温干旱会造成不能正常授粉受精；如遇阴雨寡照天气，会使花粉吸水膨胀破裂死亡，有的花粉黏着成团丧失散粉能力，而无法授粉受精形成空秆。

（2）营养物质供应不足。玉米大喇叭口期若营养物质供应不足，就不能满足玉米穗分化对养分的需求，使空秆率增加。

（3）弱苗、病苗、晚苗。在生产中，常因播种的深浅、缺苗补种或移栽、施肥喷药不均匀、受病虫为害等原因形成弱苗、晚苗和病苗，在玉米生长后期也无法赶上正常苗的生长，长势细弱，发育不良，生殖生长受到抑制而形成空秆。

（4）病虫为害。玉米大小斑病、瘤黑粉病破坏玉米雌穗组织，消耗植株体内的养分，阻碍茎叶养分向雌穗输送，影响穗的发育形成。灰飞虱传播的玉米粗缩病，可直接导致玉米植株畸形而不能抽穗，或雌穗畸形而不能正常授粉结实。玉米蚜为害严重，玉米抽雄吐丝受阻，不能形成正常雌穗。蚜虫分泌的蜜露，会引起霉污病影响光合作用，吸食植株营养影响植株生长（图26）。

（5）密度过大，通风透光不良。玉米田间密度

图26　玉米蚜为害，果穗秕小

过大，叶片挤压重叠，既影响光合作用，导致有机物生产减少，秕穗增多，又遮挡了花粉的飘散，造成有穗无实（图27）。

（6）营养物质比例失调。玉米氮素供应充足而缺磷钾，则造成植株叶色浓绿，茎叶繁茂，体内糖代谢受阻，叶及茎秆内的糖分增加，转运给雌穗的糖相应减少，使得雌穗因营养不足而不能发育成果穗，形成空秆。这些空秆糖分较高，农民也称为甜秆儿。

图27 雌穗花丝抽不出，引起空穗

此外，缺硼、锌等中微量元素会使玉米植株花器发育受阻，不能正常受精，导致植株生长萎缩，输导系统失调，最终形成空秆。

防治措施：

（1）选用优种。要选用高产、优质、抗逆性强、适应性广等综合性状表现比较突出的品种，如郑单958、浚单20、联创808、玉单2号、先玉688、登海605、吉祥1号、金海5号、东单335、农大84等中、高密度品种。

（2）合理密植。每个品种都有自己适宜种植密度，要根据不同品种、不同肥力以及当地栽培制度确定合理的种植密度，既要防止密度过大又要防止过稀。在合理密度范围内，肥力高的地块可适当密植，肥力低的地块要适当稀植。

（3）种子处理。未包衣种子，在播种前2～3天，用2%戊唑醇和70%吡虫啉种衣剂进行拌种，有效防治玉米病害或虫害。

（4）加强田间管理。①科学间苗定苗。一般在苗期为圆茎苗，叶色浓绿发紫，有白色透明虚线斑点或条痕，叶片上冲植株为空秆玉米，结合间定苗及时拔除。②加强肥水管理。玉米大喇叭口期是需水临界期，遇旱一定要及时浇水，满足玉米生长发育对水分的需求。平衡施肥，一般将氮肥追施总量70%～80%在大喇叭口期施入，20%～30%在灌浆期施入，保证玉米穗分化和灌浆期对养分需求，减少空秆。③防治病虫害。选用硬粒型玉米品种可减少玉米穗腐病发生。防治蚜虫、黏虫、玉米螟等可用10%吡虫啉可湿性粉剂1 500倍液或2.5%高效氯氟氰菊酯乳油1 000倍液喷雾；④进行隔行去雄与人工辅助授粉。隔行去雄能增强光照，降低养分消耗，促进顶部的籽粒饱满，且还有利于花粉散落花丝上，提高授粉率。方法为去一行留一行，也可隔株去雄，即去一株留一株。去雄时间以雄穗露出1/3时进行，在上午9时至下午4时去雄，以利伤口愈合。玉米如果花期不遇，进行人工辅助授粉，可大量减少玉米结实不良现象。方法是在晴天上午9～11时，用脸盆等容器垫上报纸，将雄穗花粉抖落在纸上，然后将花粉倒入纱布口袋内，用口袋在雌穗花丝上扑打，人工授粉可进行2～3次。⑤运用生长调节剂。在玉米7～11片叶时，每亩*用30毫升玉米金得乐兑水15～20千克叶面喷施，能促根粗壮，抗旱、抗病、抗倒伏，使玉米叶片宽而浓绿，促进抽穗，增强授粉，避免结实不良，增产30%以上。

7. 成熟的玉米穗为什么会有秃尖、麻子脸、半个瓢、棒槌穗等缺粒现象？

玉米果穗缺粒归纳起来大致有五类，即顶部不结实（图28，图29）、整个果穗籽粒稀疏分布或没有籽粒（图30，图31）、果穗向地侧弯曲不结粒或果穗一侧从上到下缺失一行或几行粒（图32，图33）、穗中部籽粒缺失形似棒槌（图34，图35）和根部籽粒缺失（图36）。

玉米授粉受精过程：雄穗抽出后2～3天开花散粉，全穗从开始开花到结束的时间因品种不同而不同，一般需10天左右，而开花最盛时间是在开花后的3～5天。在每天上午7～11时开花最多，下午很少开花甚至不开花，冷凉或阴雨天气不能散粉。雌穗在雄穗开花后2～5天开始抽出花丝，其顺序是：最先从果穗基部1/3处抽出，而后向上向下相继抽出，顶部花丝最后抽出。全穗花丝从抽出到完毕约需5～7天，花丝一抽出就有受粉能力，其生活力通常可维持10～15天，但生活力最强时期是吐丝后1～5天，花丝的各个部位

---

*亩为非法定计量单位，1亩≈667米²。——编者注

图28 玉米顶部没能授粉形成的秃尖

图29 光合产物不足形成假秃尖

图30 满天星

图31 空怀穗儿

图32　佝偻穗儿

图33　半个瓢

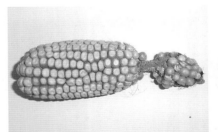

图34　病害引起棒槌穗

图35　不良气候引起棒槌穗

图36　根部缺粒

都可以接受花粉而受精。玉米授粉后24小时就可完成受精过程，受精后花丝变成褐色而干枯。受精20天后的种子便具有发芽的能力。

图37 籽粒满尖

玉米缺粒的原因和玉米空秆原因基本相同。一般玉米在气候条件适宜时开花抽丝授粉，果穗基本不会出现缺粒现象，如图37。但往往后期会遇到恶劣天气引起秃尖、根部缺粒现象。而图29果穗"假秃尖"形成，前期受粉已经完成，主要因为灌浆期营养或水分供应不足引起的；高温干旱、阴雨寡照等不良的环境条件也可导致雄穗散粉完毕，而雌穗刚吐丝或未吐丝，可形成"满天星"（图30）。"空怀穗儿"（图31）是因雌穗花丝被玉米螟咬断引起；高温干旱、阴雨寡照等不良的环境条件导致雌穗先吐花丝而雄穗后散粉，且上面的花丝覆盖着向地侧的花丝，使其不能正常受粉，引起雌雄穗花期不遇，形成"佝偻穗儿"（图32）和"半个瓢"（图33），即果穗向地侧不结粒；"棒槌穗"（图34）是因玉米中部花丝抽出时遭遇高温干旱、阴雨寡照等不良的环境条件引起的。"果穗中部秕粒"（图38）是穗腐病引起部分穗轴干腐，不能正常输送营养引起秕粒。

预防及防治方法参照第6题。

图38 果穗中部秕粒

8. 同一品种为什么春播玉米穗（棒子）大，夏播玉米穗小？

玉米拔节到抽雄温度过高、短日照、营养和水分不足，会加速穗分化，使幼穗分化各时期相应缩短，分化的小穗、小花数目减少，果穗也小。反之则分化的小穗小花数目多，果穗大。同一玉米品种，夏播种植时由于拔节到抽雄期正处于暑期，相对春播种植温度高、日照短，所以穗分化时间短玉米穗也就小，即所谓"春寒大穗"，见图39。

图39　金山27夏玉米穗与春玉米穗

种植密度、气候条件、栽培管理水平、地块肥力水平等因素都可以影响玉米生长发育进程，造成玉米穗秃尖、秕穗、根部缺粒等，形成同一品种同时播种有的地块玉米穗小，有的地块玉米穗大。图40是郑单958，因种植密度过大，果穗秃尖穗小。

图40　种植密度过大引起秃尖穗小

9. 未收获玉米为什么会发芽?

这是穗萌现象,属于玉米生长的一种正常表现(图41)。玉米生长后期籽粒中的胚已发育正常,已经具有正常发芽能力,经过短暂休眠后,如果水分、温度等外部条件适宜,籽粒吸水后就会发芽。

如果玉米生长后期雨水多,玉米苞叶短,穗轴突出,玉米穗顶部就容易露出,秋季降雨较多年份果穗内部容易积聚水分,在适宜温度下籽粒吸收水分发芽。粉质型玉米吸收水分能力比硬粒型玉米强,容易发芽,但硬粒型玉米条件适宜时也会发芽(图42);秕粒稀疏玉米比籽粒饱满排列的容易吸收水分发芽(图43);发生穗腐病的玉米籽粒容易发芽(图44)。

防治措施:①雨水多地区尽量选择硬粒型或半硬粒型玉米,如联创808、沈玉29、中地77、先玉335、登海605、纪元1号、纪元128、迪卡516、华农118、先玉688、元华7号等品种,可在一定程度避免穗腐病发生。②加强田间管理,合理密植,科学统筹肥水,减少缺粒、秕粒、秕穗发生。③玉米籽粒出现黑色层后及早收获。采收后及时将玉米晾干,并迅速将其脱粒、晒干,以避免其发生霉烂。玉米发芽后,其营养物质已损失,轻度发芽的籽粒视情况可饲喂鸡、鸭等家禽,若已发生霉烂等现象,切忌再用于饲喂家禽家畜。

图41 玉米籽粒发芽

图42 硬粒型玉米发芽

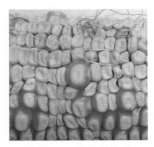

图43　秕粒玉米发芽

图44　穗腐病引起发芽

10. 玉米穗尖为什么会畸形?

玉米穗出现多穗尖或双胞胎玉米,原因是在玉米雌穗分化时,生长锥受到外界高温、干旱或除草剂等因素影响,生长锥顶部分裂成两个或多个二级生长锥。原生长锥发育成雌穗柄,二级生长锥如果分离不清,或底部相连,则发育成多穗尖或有一个扁平尖雌穗,如图45、图46和图47;如两个二级生长锥底部分离则形成双胞胎玉米,见图48。

图45　双尖玉米

图46　三尖玉米

图47　扁平尖玉米

多穗尖或双胞胎玉米，在生产中极为少见，形成的玉米穗行多、粒多，一般情况下对玉米产量没有影响，所以不需要采取措施。

图48 双胞胎玉米

11. 玉米籽粒为什么会乱行？同一品种玉米籽粒为什么有圆粒有扁粒？为什么有的穗籽粒深，有的穗籽粒浅？

雌穗是由数百个并列成对分裂的小穗突起组成的，每个小穗分化出两对小花，上位花受粉形成籽粒，下位花退化，所以大部分果穗长成双行籽粒。如果玉米授粉时遭遇外界不利环境条件，如高温干旱、阴雨寡照、病虫害、营养不足等，就会导致授粉不良，出现缺粒现象，而其他籽粒就会向缺粒部位扩展空间，原有的排列被打破，也就形成了缺行或乱行（图49，图50）。而缺粒周围的籽粒由于发展空间扩大进行横向发育，不需纵向发育，所以就形成了圆粒（图51～图53）。有的玉米果穗灌浆后期遇到大风倒伏，或遭遇病虫为害等都引起籽粒灌浆不饱满，比正常生长的籽粒浅。

防治措施参照第6题。

图49 缺行

图50 缺粒引起乱行

图51　果穗扁粒圆粒
对比

图52　切面扁粒圆粒对比

图53　籽粒圆粒
扁粒对比

12. 苞叶上长小叶的玉米确实高产吗?

常有农民朋友说，长小叶的玉米品种穗大，长得好，其实这只是农民朋友在路边看到的表面现象。玉米苞叶是变态的叶片，苞叶上的小叶是苞叶伸长叶。在光照、水肥充足的条件下，一些玉米苞叶上会长出伸长叶。原因主要是：①品种特性，联创808、先玉335、丹玉405、万孚1号、农大108等品种生长小叶情况比较常见。②种植密度较低，缺苗断垄，沟渠旁、道路两侧光照好的地方的玉米苞叶上容易长出伸长叶（图54）。

玉米苞叶上的伸长叶如果长的过多、过长会引起穗柄拉长、吐丝不畅、遮挡花丝授粉，从而引起授粉不良、秃顶长度增加、不孕粒增多，明显减产（图55）。

图54　边行玉米苞叶上长小叶，长势
喜人

图55　苞叶上小叶过长影响玉米授粉

防止玉米果穗苞叶伸长叶发生，应根据品种栽培特性，确定适宜的种植密度。根据土壤肥沃程度和具体苗情合理施肥，施足底肥，大喇叭口期重施穗肥。玉米抽雄吐丝期，如果果穗上的苞叶伸长叶过长，影响花丝吐出，应在吐丝前剪去伸长叶，使花丝及时抽出受粉受精，以免造成减产。

13. 玉米茎秆较高节位长气生根正常吗？

从地上茎节长出的根叫气生根，具有支撑和吸收营养作用。玉米气生根一般发生3～6轮。下部节间在温度、湿度适宜，营养条件充足的情况下，都可以发生气生根。所以玉米茎秆较高节位生长气生根正常，且不影响玉米正常生长（图56）。

14. 同一穗玉米的籽粒为什么会出现不同颜色？

玉米籽粒是玉米的种子，它由种皮、胚乳和胚三部分组成，而胚乳靠近种皮的部分为糊粉层。种皮在最外面是透明的，所以玉米籽粒是什么颜色，首先取决于种皮里面胚乳的糊粉层是什么颜色，也就是糊粉层含有什么样的色素。如果糊粉层里的色素属于花青素，根据花青素的种类和含量，就表现出紫色、红色、蓝色等颜色。但有些玉米品种的糊粉层不生产花青素，糊粉层也是透明的，这

图56　玉米高节位着生气生根

时候玉米粒的颜色就取决于糊粉层里面的胚乳的颜色。有些玉米品种的胚乳里含有大量的胡萝卜素，这些品种的玉米籽粒看上去就是黄色的。也有的玉米品种的胚乳里胡萝卜素的含量很低，这时看上去就是白色的。生产中播种的玉米，就是不含花青素的玉米，玉米

粒就只有黄色和白色的。而一些黑糯玉米或多彩玉米，糊粉层里含有花青素，所以表现不同颜色。

玉米是雌雄同株异花授粉的植物，主要通过风将雄穗的花粉传播到雌穗的柱头上，完成授粉。如果旁边种的是不同品种的玉米，风把各个品种的花粉吹来吹去，不同品种之间的玉米就容易出现杂交。如果不同品种的玉米粒的颜色是不同的，杂交的后果就有可能在同一个玉米穗上出现不同颜色的玉米粒，因为每个玉米粒都各

图 57   多彩玉米穗

有自己的一套基因，图 57 为京科糯 2000 玉米穗。

15. 玉米为什么卷心？ 如何预防？

引起玉米卷心的原因有好多种，比如蓟马引起的卷心（图 58），具体防治方法参照第 60 题；水涝引起的卷心（图 59）具体防治方法参照第 35 题；2,4- 滴丁酯类药害引起的卷心（图 60），具体防治方法参照第 21 题；氯氟吡氧乙酸异辛酯药害引起的卷心（图 61），具体防治方法参照第 22 题；杀虫剂药害引起的卷心（图 62），具体防治方法参照第 29 题；顶腐病引起的卷心（图 63），具体防治方法参照第 43 题；丝黑穗病引起的卷心，具体防治方法参照第 56 题。此外玉米瑞典蝇、弯刺黑蝽、干旱为害等也会引起玉米卷心。

图 58   蓟马为害引起的玉米卷心

图 59   水涝引起的玉米卷心

图60　2，4–滴丁酯药害引起的玉米卷心

图61　氯氟吡氧乙酸异辛酯药害引起的玉米卷心

图62　杀虫剂药害引起的玉米卷心

图63　顶腐病引起的玉米卷心

16. 玉米为什么会分蘖？如何预防？

玉米每个节位的叶腋处都有一个腋芽，除去植株顶部5～8节的腋芽不发育以外，其余腋芽均可发育；上部的腋芽可发育为果穗，而靠近地表基部的腋芽则形成分蘖。由于玉米植株的顶端优势现象比较强，一般情况下基部腋芽形成分蘖的过程受到抑制，所以生产上玉米植株产生分蘖的情况不是很普遍。玉米植株产生分蘖的时间大多发生在出苗至拔节阶段，形成分蘖的原因主要是外界环境条件的影响削弱了玉米植株的顶端生长优势，从而导致了营养的二次分配。分蘖的原因主要有：

（1）品种特性。品种之间存在着差异，有的品种分蘖多，有的品种分蘖少；玉米顶端优势强的品种产生的分蘖少些，顶端优势弱的品种产生的分蘖多些；密植品种分蘖少些，稀植品种分蘖多些。先玉335、连玉16、连玉19、分蘖较多。

（2）密度大小。稀植时，或在缺苗断垄及边行地头等处，几乎所有的玉米杂交种的植株都能适时利用土壤中有效养分和水分形成一个或者多个分蘖。同样的品种，种植密度小的时候，分蘖多一些，反之少一些。

（3）播种时间早晚。同一品种播种早的，气温低，顶端生长优势受到抑制，分蘖多一些，播种晚的，水肥条件适宜，分蘖少一些，春播多夏播少（图64）。

（4）土壤肥水管理。土壤肥沃，水肥供应充足，植株制造光合产物多，除满足主茎生长需要还有剩余，促进了侧芽发育形成分蘖，所以分蘖就多。相反肥水不足，分蘖没有或很少。

（5）玉米植株的顶端生长优势受到各种原因，不同程度的抑制，植株矮化而产生分蘖。比如：苗期遭遇干旱，苗期植株感染粗缩病或被蓟马、玉米螟等为害、苗后除草剂产生药害、化控药剂使用浓度过高等都可能产生玉米分蘖，见图65，图66。

预防措施：根据不同的品种选择适宜的播种密度和播种时间，积极采取测土配方施肥和看苗追肥，加强病虫害防治，注意

图64　低温引起的分蘖

科学使用苗后除草剂和玉米化控剂，避免产生药害。在本品种建议种植密度内，玉米发生分蘖后，一般不用掰除，不会影响产量，但过于稀植分蘖过大时应掰除，注意不要伤害叶片。

图65　黄呆蓟马引起的分蘖

图66　玉米基部形成的分蘖与主茎一样

17. 玉米红叶的原因有哪些？如何预防？

　　玉米产生红叶后，可引起玉米产量降低，那么玉米产生红叶的原因有哪些呢？

　　（1）玉米品种特性。后期灌浆快的品种，在灌浆期若遇低温、阴雨，就会叶片发红（图67）。该病发生与品种灌浆快有关，当大量合成的糖分因代谢失调不能迅速转化则变成花青素，绿叶变红，如沈单16、纪元101等品种。防治方法：①严重发生地区，不要在黏湿地上种植。②播种不要过早，适当推迟，增施磷钾肥。

图67　灌浆过快引起红叶

图68　承玉31发生红叶病田间症状

（2）由大麦黄矮病毒为害引起，大麦黄矮病毒主要为害麦类作物，也侵染玉米、谷子、糜子、高粱及多种禾本科杂草（图68，图69）。该病毒由蚜虫以循回型持久性方式传播。麦田发病重，传毒蚜虫密度高，玉米发病也加重。玉米品种间发病有差异，雅玉27、丰玉4号、农大81、承玉31、金玉27发病重。

防治措施：①在高感病区域（冬麦区）避免种植感病品种。②搞好麦田麦蚜、黄矮病防治，减少传毒介体。③拌种。可用70%吡虫啉种衣剂10克，或70%噻虫嗪种衣剂7～10克兑水100克拌2.5千克玉米种子，能有效防治传毒昆虫，减轻红叶病的传播。④及时杀灭田间地头杂草，减少中间寄主。

图69　雅玉27发生红叶病的玉米穗

（3）玉米螟虫为害（图70），包括玉米螟、高粱条螟、桃蛀螟等。据专家测定，叶片中可溶性糖含量在籽粒形成期较高,叶鞘中可溶性糖含量抽雄和籽粒形成期高,而此时正是玉米螟等害虫高发期,这些害虫蛀食玉米茎秆，造成玉米维管束断裂，影响茎叶内养分运输，滞留茎叶内从而引起红叶。防治方法见玉米螟如何进行防治。

（4）玉米缺磷症状主要表现为植株生长缓慢，茎秆细弱，茎基部、叶鞘、叶片甚至全株呈现紫红色，严重时叶尖枯死呈褐色（图71），防治方法参照第20题。

图71　玉米缺磷症状

图70　玉米螟为害引起红叶

（5）玉米植株空秆。包括①茎秆上不结果穗（孤老秆子）；②结有果穗但发育不好没结子粒；③人为将果穗去掉。这样，玉米植株对光合产物的需求量便大大减少，因而茎秆和叶片中含糖量显著提高，积累后产生紫红叶。防治方法参照第6题"。

18. 玉米倒伏有哪几种情况？如何预防？

根据倒伏的状况一般分为根倒伏、茎倒伏和茎倒折3种类型。根倒伏：玉米植株不弯不折，植株的根系在土壤中固定的位置发生改变。根倒伏多发生在玉米生长拔节以后，因暴风骤雨或灌水后遇大风而引起，见图72。茎倒伏：即玉米植株根系在土壤中固定的位置不变，而植株的中上部分发生弯曲的现象。茎倒伏多发生在玉米生长中后期，密度过大的地块或茎秆韧性好穗位较高的品种上，见图73。茎倒折，即玉米植株根系在土壤中固定的位置不变，茎秆又不弯曲，从茎的某一节间折倒，见图74。

图72　玉米根倒伏

图73　玉米茎倒伏

图74　玉米茎倒折

　　玉米倒伏的原因不仅与恶劣的气候条件如暴风雨有关系，还有如下原因：

　　（1）品种特性。所种植品种根系不发达、植株高大、穗位较高，茎秆细弱、韧性不足的容易引起倒伏。

　　（2）种植密度、方式不合理。玉米株行距过小，密度过大，田间通风透光不良，造成秸秆细弱，节间拉长，穗位增高，导致植株高而不壮，遇见较大风雨，造成倒伏。

　　（3）肥水管理不当。有些地区农民为了降低劳动强度，便于农事操作，在玉米1米左右就追肥，而且重氮肥轻钾肥，造成钾肥缺乏；如果玉米苗期、拔节期雨水充足，或大水大肥等都容易造成茎秆机械组织不发达，使基部节间过度伸长，植株和穗位增高，给后期倒伏造成潜在威胁。

（4）化控过晚。喷施化控防倒剂控制株高，根据说明使用，但不可过晚，使用过晚容易造成倒伏。如果玉米过高喷洒化控剂，也能降低植株高度，但由于茎基部节间已伸长，不能调控基部节间长度，主要降低的是玉米上部节间长度，导致玉米上部节间缩短叶片浓密，重心上移，植株更容易倒伏，所以玉米植株过高不建议施用。

（5）病虫害防治不及时。主要表现为玉米螟和桃蛀螟为害茎秆和叶子，遇风雨造成倒伏。

预防措施：①选择支持根发达、茎秆粗壮的抗倒性强的品种，如郑单958、三北21、华农118、金海5、巡天969等品种。②合理密植。根据品种说明，确定合理的株行距，不可盲目增加密度。③喷施调节剂控制株高，促秸秆粗壮。不同厂家的化控调节剂产品配方不一样，有的产品要求玉米6～10片叶喷洒，有的要求8～12片叶喷洒，所以喷洒时要根据说明书来确定。但这些产品一般都可以在玉米植株0.5～1米（正常人膝盖到腰高，见图75）时喷洒，这时喷洒可以有效缩短茎基部节间长度，增加基部茎粗和机械组织强

图75　株高0.5～1米喷施调控剂（常人膝盖高位置）

度，抗倒性好。④进行科学的田间管理：施足底肥和种肥，追施氮肥重点放在大喇叭口期。苗期适当中耕蹲苗，控制基部茎节过分伸长，促进茎粗，增强韧性。及时防治病虫害。注意对玉米螟、桃蛀螟、黏虫的防治。

19. 玉米穗轴颜色与产量高低有关系吗？

玉米穗轴颜色是玉米重要的遗传特征，每一个品种都有固定颜色的穗轴，例如郑单958为白色轴、联创808为红色轴，迪卡516为粉色轴。如果你种植的郑单958玉米穗轴为红色，那么基本可以判断你种植的品种为假种子。玉米穗轴比较常见的颜色有白色、红色、粉红色等多种颜色（图76），不同品种有不同颜色的穗轴。有些农民朋友认为，玉米穗轴颜色与产量关系密切，所以常常不问玉米品种特性而购买穗轴为某一特定颜色品种。穗轴颜色与产量没有任何关系，之所以存在这种认识，因为有的农民种

图76　不同颜色的穗轴

植了特定颜色穗轴品种的玉米获得了高产，就主观认为该颜色穗轴品种高产。

20. 玉米氮、磷、钾缺乏症有哪些表现？如何预防？

（1）缺氮症。玉米缺氮时，幼苗瘦弱，叶片呈黄绿色，植株矮小。氮有流动性，所以发黄的叶片从植株下部的老叶开始，首先叶尖发黄，逐渐沿中脉扩展呈楔形黄化，当整个叶片都褪绿变黄后，叶鞘就变成红色，不久整个叶片变成黄褐色枯死。中度缺氮情况下，

植株中部叶片呈淡绿色，上部细嫩叶片仍呈绿色。如果玉米生长后期仍不能吸收到足够的氮，其抽穗期将延迟，雌穗不能正常发育，果穗小，顶部籽粒不充实，形成假秃尖，导致严重减产（图77～图79）。

图77 成Ｖ字 图78 沿中脉楔 图79 玉米缺氮田间表现症状
形黄化 形黄化

发生原因：①土壤肥力降低，土壤自身供给作物氮素的能力下降。②土壤保肥能力降低，施入的氮素容易流失。玉米易吸收硝态氮，氨态氮可被土壤胶体吸附，但硝态氮不能被吸附，而溶于土壤溶液中。因此，硝态氮肥易被雨水、灌溉水淋溶流失。③施肥不科学。氮肥的施用量少，肥料品种选用不合理，肥料品质差，施肥时期及施肥方式不合理等，都会引起玉米缺氮。④田间管理粗放。种植密度过大，杂草病虫害等因素严重影响玉米生长发育，从而间接影响其对氮素的吸收利用。⑤微生物争夺土壤中的氮素。近年来随着施肥量的增多，缺氮现象已经减少。然而联合收割机和省力栽培方式的采用，导致未腐熟秸秆、牛粪等大量投入于农田。将未腐熟有机物施于土壤中，就会给土壤微生物提供丰富的碳源，促使微生物繁殖旺盛，从而夺走土壤中的无机态氮。

防治措施：①分期追施氮肥。为保障玉米正常生长，分别在玉米拔节期、大喇叭口期、花粒期追施氮肥，氮肥追施量应前轻中重后轻，根据苗情、土壤肥力等因素确定具体用量。②叶面喷施氮肥。

可用0.5%～1%的尿素溶液进行叶面喷施，每亩喷施30千克溶液。③对于秸秆还田地块，可在旋耕前每亩撒施尿素5～10千克，为微生物生长繁殖提供氮源，避免苗期缺氮。

（2）缺磷症。玉米缺磷症状，苗期最为明显，一般春玉米发生重，尤其是低洼地发病重。主要表现为植株生长缓慢，茎秆细弱，茎基部、叶鞘、叶片甚至全株呈现紫红色，严重时叶尖枯死呈褐色；抽雄吐丝延迟，结实不良，果穗弯曲，秃尖。这是由于碳元素代谢在缺磷时受到破坏，糖分在叶中积累，形成花青素的结果（图80，图81）。

图80　玉米缺磷　　　　图81　玉米缺磷田间症状

发生原因有3种：①土壤缺磷。当土壤中的磷，满足不了玉米的生长需要时，根系生长发育受阻，叶片由暗绿逐渐变红或紫色。②气温或土壤温度偏低，抑制根系生长影响磷吸收。③田间积水或土壤湿度过大影响了根系的呼吸，根系的生长也会受阻，导致植株营养不良而发红、发紫。

主要防治措施：①早施磷肥，以速效磷肥磷酸二铵为主，每亩可底施15～25千克，出现缺磷症状的可每亩用99%磷酸二氢钾200克兑水30千克进行叶面喷施；②平整土地，开挖排水沟，做到雨停水干，田间不积水；过于黏重地块可深中耕，应做到行间深株间浅，以提高地温。③适时播种，避免因为温度低而影响磷肥吸收。

（3）缺钾症。中下部老叶叶尖和叶缘黄化、焦枯，呈倒V字形，叶脉变黄，上部嫩叶呈黄色或褐色，节间缩短，叶片大小相差无多，二者比例失调而呈现叶片密集堆叠矮缩的异常株型。茎秆变细而软易折，根系发育弱，成熟期推迟，果穗发育不良，行小粒少，籽粒不饱满，产量锐减，淀粉含量低，皮多质劣（图82，图83）。

图82　玉米缺钾植株　　　　　　图83　玉米缺钾田间表现

发生原因：①土壤缺钾。②大量偏施氮肥，而有机肥和钾肥施用少。③排水不良，土壤还原性强，根系活力降低，对钾的吸收受阻。

防治方法：①适当增施钾肥，每亩底施氯化钾或硫酸钾5～15千克。②叶面施肥，出现缺钾症状的可亩用99%磷酸二氢钾200克兑水30千克进行叶面喷施。③控制氮肥用量，追施氮钾二元复合肥。玉米追肥时，可每亩追施氮钾二元复合肥（22-0-8）40千克，尽可能避免使用尿素。

21. 玉米2，4-滴丁酯类药害的主要症状有哪些？如何预防？

2,4-滴丁酯、2钾4氯钠盐、2,4-滴异辛酯等药剂为苯氧羧酸类除草剂，主要应用于玉米田苗后防除阔叶杂草。生产中2,4-滴丁酯较为常用，且上述药剂作用机理、药害症状等与2,4-滴丁酯基本相同，所以文中统称为2,4-滴丁酯类药害。玉米发生2,4-滴丁酯类药害时有卷心状（图84）、叶片葱叶状（图85）、植株倾斜倒伏断裂状

（图86，图87）、气生根鸭掌状、虬须状（图88，图89）。

2，4-滴丁酯和2钾4氯钠盐可以在玉米3～5叶期全田喷雾防治阔叶杂草，玉米不会产生药害；而在其他时期应进行行间定向喷雾，避免药害产生。一些农药经营者和有些农民认为在玉米田间任意时期喷洒2,4-滴丁酯或2钾4氯钠后，玉米在外部形态上并没有明显变化，所以不会产生药害。但事实告诉我们，即使玉米外部形态没有明显变化，但已受隐性药害，这时的玉米比没喷洒的植株秸秆脆弱，遇风更容易倒伏。

2,4-滴丁酯和2钾4氯钠盐类除草剂发生药害较轻时，可以通过加强肥水管理，叶面喷洒植物调节剂芸薹素内酯、复硝酚钠等措施，一般短期内即可恢复；药害较重的地块，应及时翻种，一般不用考虑除草剂影响，因为该类除草剂土壤活性低，不会影响种子发芽出苗。

图84　2,4-滴丁酯药害引起卷心状

图85　2钾4氯钠药害引起叶片葱叶状

图86　2,4-滴丁酯药害引起植株倾斜

图87　2,4-滴丁酯药害引起植株断裂倒伏

图88　2,4-滴丁酯药害引起气生根鸭掌状　　图89　2,4-滴丁酯药害引起气生根虬须状

22. 玉米氯氟吡氧乙酸异辛酯药害的主要症状有哪些？如何预防？

近年来阔叶恶性杂草如鸭跖草、打碗花、刺菜的发生面积越来越大，而氯氟吡氧乙酸异辛酯对这些杂草防效显著，所以被大量用于玉米田苗后除草。但有些农业科技书籍没有明确说明玉米苗后什么时期可以全田喷雾，什么时期进行行间定向喷雾，所以农药经营者和农户不分玉米生长时期胡乱用药，导致近年来该药在玉米上药害时有发生。

氯氟吡氧乙酸异辛酯田间玉米药害症状主要有卷心呈"牛尾巴"状、植株倾斜或倒折、基部节间弯曲、气生根畸形等，见图90～图93。

氯氟吡氧乙酸异辛酯在玉米3～5叶期全田喷雾防治阔叶杂草，玉米不会产生药害；而在其他时期应进行行间定向喷雾，避免药害产生。

氯氟吡氧乙酸异辛酯发生药害较轻时，可以通过加强肥水管理，叶面喷洒植物调节剂芸薹素内酯、复硝酚钠等措施，一般短期内即可恢复；药害较重的地块，应及时翻种，一般不用考虑除草剂影响，因为该类除草剂土壤活性低，不会影响发芽出苗。

图90 药害引起"牛尾巴"状

图91 药害引起植株倾斜
且节间出现裂口

图92 药害引起植株基部节间弯曲

图93 茎基部肿胀弯曲，气生根畸形

23. 玉米百草枯药害的主要症状有哪些？如何预防？

百草枯*是一种快速灭生性触杀型除草剂，能迅速被植物绿色组织吸收，使其枯死（图94，图95）。对非绿色组织没有作用。在土壤中迅速与土壤结合而钝化，对地下种子、植物根部及多年生地下茎及宿根无效。玉米田定向喷洒百草枯，如果喷头过高可造成玉米

---

*：2016年7月1日停止百草枯水剂在国内销售和使用；2015年11月8日以前生产的50%百草枯可溶粒剂在其有效期内可合法销售、使用；20%百草枯可溶胶剂产品2018年9月25日之前可以销售、使用。

叶片大面积枯死，药液滴溅在玉米叶片上，常形成青色枯斑，周围没有黄色晕圈，这有别于圆斑病病斑，见图96～图98。

图94　防除路边杂草引起百草枯药害　　图95　田间定向喷施百草枯不当引起
　　　　　　　　　　　　　　　　　　　　　　　　药害

图96　百草枯药害引　图97　药害引起枯　图98　疑似药害的圆斑病病斑
　　　起枯斑　　　　　　　斑形成穿孔

　　玉米田在播前、播后苗前以及玉米生长中后期都可以使用百草枯进行化学除草，尤其是玉米生长中后期喷施百草枯时必须定向喷雾，而且选择在无风时喷洒，尽量压低喷头或戴防护罩进行喷洒，避免药液附着叶片上，造成玉米叶片干枯而不能进行光合作用，影响产量。

　　玉米发生百草枯药害后，严重的要及时毁种；相对较轻的，及时加强水肥管理，促进玉米恢复生长。

24. 玉米草甘膦药害的主要症状有哪些？如何预防？

图99～图101为唐山市小黑马甸村一农户使用41%草甘膦水剂防除玉米田间杂草时，没有严格进行定向喷雾，致使玉米下部一些叶片吸收药剂而逐渐枯死。

草甘膦为灭生性、内吸传导型广谱性除草剂，靠植物绿色部分吸收该药，在用药几天后才出现反应，表现为地上部分逐渐枯萎、变褐，最后全株死亡（图99～图101）。植物部分叶片吸收药液，即可将植株连根杀死，能杀死地面生长的各种杂草，但对地下萌芽未出土的杂草无效。其作用机理是破坏植物体内的叶绿素，淋入土壤后即钝化失效。

图99　草甘膦药害引起玉米枯黄

图100　草甘膦药害引起玉米植株枯死

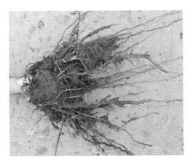

图101　须根已枯死

　　玉米田喷洒草甘膦应在无风条件下，进行严格定向喷雾，避免玉米叶片沾药；路边、河边等地方喷洒草甘膦时，应在无风条件下距离作物20米以上；对喷用过草甘膦的喷雾器要反复清洗。

　　药害发生时，及时喷洒清水进行冲洗，同时摘除下部沾药叶片，同时喷洒0.136%赤霉素·吲哚乙酸·芸薹素内酯可湿性粉剂来缓解，也可喷施各种叶面肥修复被损害的细胞。严重地块及时毁种其他作物，尽量减少损失。

25. 玉米苗后除草剂硝磺草酮·莠去津药害的主要症状有哪些？如何预防？

　　硝磺草酮·莠去津是硝磺草酮与莠去津的混配制剂，具有杀草谱宽、用药量少、对玉米安全，施药时期长，苗前苗后均可使用。硝磺草酮可被植物的根和茎叶吸收，通过抑制对羟基苯基酮酸酯双氧化酶的合成，导致酪氨酸的积累，使质体醌和维生素E的生物合成受阻，进而影响到类胡萝卜的生物合成，杂草茎叶白化后死亡。

　　玉米苗后喷洒硝磺草酮·莠去津进行化学除草，如果喷施浓度过高或重复喷洒，温度低，会造成玉米叶片上部白化褪绿，尤其是心叶及叶片基部受害最重；对植株高度抑制比较明显（图102，图103）。

图102　硝磺草酮·莠去津药害叶片白化

图103　硝磺草酮·莠去津药害田间症状

玉米苗后喷洒硝磺草酮·莠去津形成药害后，如果症状较轻，不用采取任何措施，过一段时间可以逐渐恢复；如果症状较重，可以喷洒0.136%赤霉素·吲哚乙酸·芸薹素内酯可湿性粉剂来缓解药害，促进玉米生长，叶色逐渐恢复变绿。

26. 玉米苗后除草剂烟嘧磺隆·莠去津药害的主要症状有哪些？如何预防？

烟嘧磺隆·莠去津作为玉米田除草剂，目前市场上有多种配方和剂型，一般严格按照说明使用，基本不会出现药害。施用烟嘧磺隆·莠去津除草剂时，在增加剂量、高温、玉米叶龄过多或过少、某些敏感玉米品种、与有机磷农药混用或喷施有机磷农药与喷施烟嘧磺隆·莠去津间隔不足7天的情况下，都容易出现药害。药害症状主要表现为心叶及其他叶片褪绿黄化，或在叶片中部出现黄色斑块；上部叶片卷缩成鞭状或皱缩，或相互粘连；有些植株叶片边缘撕裂；生长受到抑制，植株矮小等症状（图104 ~ 图108）。

图104　叶片中部黄化

图105　苗期田间药害症状

图106　烟嘧磺隆·莠去津田间药害症状

　　一般情况下，玉米本身的耐药性较强，烟嘧磺隆产生轻微药害时，不需要处理，玉米生长只是暂时受到抑制，一段时间后即可恢复，不会影响产量。若药害较重，需要处理时，可采用以下措施：及时浇水、喷淋清水，并适当追施速效性肥料，也可叶面喷施生长调节剂，增加植株抗性、缓解药害；另外加强中耕，增强土壤的通透性，促进根系的活动及对水肥的吸收能力，加快植株恢复生长。

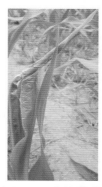

图107　叶片卷曲成"弓状"

图108　叶缘成撕裂状

27. 玉米苗后除草剂烟嘧磺隆·硝磺草酮·莠去津过量喷施会引起哪些药害症状？如何预防？

　　除草剂生产厂家为了提高除草效果，扩大除草谱，近年来又发明了烟嘧磺隆·硝磺草酮·莠去津悬乳剂，该药既弥补了烟嘧磺隆·

莠去津安全性差缺点，同时增强了对恶性禾本科和阔叶杂草的防治效果。一些农民为了增强除草效果，盲目增加用药量，或遇到杂草较多的地块重复喷洒，且不躲避玉米而造成药害（图109～图112）。具体防治措施参照问题25、26。

图109　药液喷施过多，沿喇叭口积聚在叶鞘底部引起药害

图110　药液喷施过多田间整体为害症状

图111　药害引起叶片发红

图112　药害引起叶脉变红

28. 玉米乙草胺·噁草灵药害的主要症状有哪些？如何预防？

乙草胺·恶草灵乳油为花生田封闭性除草剂，丰润区七树庄镇一农民误喷在玉米上，导致苗期玉米叶片烧灼干枯，沾药少的叶片被烧灼成白色斑点，喷药重的整片叶干枯或叶片上部干枯，有些植株初期烧灼成水渍状，后期整株干枯（图113～图115）。

图113 药害引起白色烧　图114 药害引起上部叶　图115 药害发生的田
灼斑点　　　　　　　　　　片干枯　　　　　　　　间症状

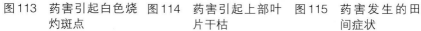

　　药害发生较轻的，首先要喷洒2～3遍清水，进行清洗植株上残留药液，然后喷洒0.136%赤霉素·吲哚乙酸·芸薹素内酯可湿性粉剂来缓解药害，促进玉米生长，叶色逐渐恢复变绿，叶片干枯的要及时剪除促发新叶。药害重的，应及早进行翻种其他作物。

29. 高浓度杀虫剂点玉米芯防治玉米螟会引起哪些药害症状？可否预防？

　　唐山市殷官屯村一农户防治玉米螟，用4.5%高效氯氰菊酯乳油300克，兑水45千克，进行玉米植株药液点心，造成了严重药害（图116～图120）。

　　唐山市新店子一农户在使用乐果点心也造成了如图120、图121的药害症状。药害造成玉米心叶基部腐烂，引起细菌感染，发出恶臭，心叶卷曲并歪向一侧，有的心叶屹立不倒但已干枯，有的心叶叶片有大块农药灼烧斑点等症状。

　　药害造成玉米心叶腐烂干枯的，建议及早毁种其他作物。药害造成玉米叶片有烧灼药斑，心叶未腐烂的，可以喷洒爱多收、尿素水等叶面肥进行补救，一般可恢复生长。

图116 高氯药害引起玉米心叶基部腐烂坏死

图117 高氯药害引起玉米心叶卷缩干枯

图118 高氯药害引起玉米心叶基部腐烂

图119 高氯药害玉米田间症状

图120 40%乐果药害症状

图121 乐果药害引起心叶干枯

30. 玉米控旺剂喷洒过多会引起哪些症状？如何预防？

玉米控旺剂喷洒过早或超量，玉米表现生长缓慢，叶色浓绿，秸秆明显变粗，节间缩短，叶片堆叠在一起，穗位低秃尖等，影响玉米产量。玉米喷洒控旺剂要按说明使用，不能随意加大剂量重喷，干旱严重玉米长势弱，要暂缓使用；喷洒玉米控旺剂超量地块，应及时喷洒清水清洗，再喷洒一些促进生长的激素类物质，可以减轻药害影响。同时要加强肥水管理，适当增施氮肥促生长。有条件的适当浇水促生长，不旱即可。药害严重的要及时毁种其他作物（图122 ~ 图125）。

图122　拔节期受害症状

图123　拔节期受害田间症状

图124　大喇叭口期受
害症状

图125　大喇叭口期受害田间症状

31. 玉米碳酸氢铵肥害的主要症状有哪些？如何预防？

　　碳酸氢铵肥效迅速，价格低廉，很受农民欢迎。农民为提高施肥效果，常常将肥料紧贴玉米根茎基部，造成茎基部叶鞘油浸状烧灼坏死（图126），严重的叶片干枯，植株生长缓慢，茎基部腐烂，甚至整株枯死。碳酸氢铵容易挥发，农民在高温下使用时用量大，且覆土较浅，或不覆土，或覆土不严，会导致肥料的挥发，浓度较高时容易造成玉米下部叶片受损，出现褪绿失水斑块，随后沿叶脉形成灰绿色条斑，后中心变白色枯死斑，边缘无晕圈，叶脉保持绿色。受害严重，枯死斑连接成片，脉间组织脱落，只余枯死残脉（图127 ~ 图129）。

　　预防措施：选择在没有露水的天气，追肥时尽量避免肥料落在叶片或叶腋内，根茎部要与肥隔离5 ~ 10厘米，施肥后及时覆严土以免挥发。肥害产生后及时大水漫灌，同时喷施0.136%赤霉素·吲哚乙酸·芸薹素内酯可湿性粉剂来调节生长。

图126 基 部 叶 鞘
油浸状

图127 碳酸氢铵肥害叶片背面症状

图128 肥害叶正面症状

图129 脉间组织脱落

32. 种粒顶端黑色层影响玉米发芽率吗？

　　不影响。玉米籽粒是通过尖冠连接到穗轴上，营养物质由穗轴经尖冠输送给籽粒，玉米籽粒成熟时尖冠基部出现黑色覆盖物，切

图130　玉米籽粒尖端黑色层

断了籽粒与穗轴（母体）的营养供给，籽粒干重不再增加，籽粒达到生理成熟（图130）。黑色层的出现与玉米籽粒乳线的消失被认为是玉米籽粒达到生理成熟和籽粒干物质积累达到最高时标志，所以不影响种子发芽率。

为什么有些品种种子出现黑色层的多，而有些品种没有或很少出现呢？这和品种籽粒黑色层外的尖冠与籽粒结合紧密与否有关系，结合紧密的品种不容易出现黑色层，反之则容易出现黑色层。如连玉19、辽单632等品种容易出现黑色层。

33. 霜冻为害玉米的症状表现及挽救措施有哪些？

玉米霜冻为害主要指早春的晚霜为害玉米幼苗和初秋的早霜为害将要成熟的玉米（图131）。轻微冷害或霜冻后植株叶色加深，叶片边缘逐渐成红色，或形成灰白色枯斑。严重霜冻发生后，导致玉米上部叶片失水干枯，成灰白色；玉米苗期重灾地块植株秸

图131　霜冻为害引起玉米上部叶片干枯

秆软化，叶片变褐萎蔫，匍匐倒地。霜冻为害玉米，发生普遍，受害部位均匀一致，且低洼地受害重，高岗地受害相对较轻。

预防措施：①适当延迟播种时期，例如冀东地区露地玉米播期以4月20日以后为宜，此时晚霜已结束，不会对幼苗形成霜冻为害。②有些雨养农业地区，要根据春季降透雨早晚来选择生育期不同的种子。降透雨晚要种植生育期短的种子，反之则种生育期长的品种。根据品种生长日期长短进行适期播种，适时收获，避免玉米未成熟时遭遇霜冻影响产量。③注意收听天气预报，采用喷洒糖水、烟熏等方法预防霜冻发生。④对叶尖部受冻较轻的玉米苗，可进行正常肥水管理，加强中耕松土，对后期的生长和产量基本没有影响；对冻至叶鞘、尚未冻至主生长点的玉米苗，待气温回升正常后2～3天，用剪刀将玉米苗受冻部分的卷曲叶片剪去，以便心叶及早抽出，为了促进受冻玉米的快速生长，可在玉米生长至拔节期时每亩每次用磷酸二氢钾100克兑水45千克连续喷雾2次，以促使玉米快速生长；对于冻害较严重的玉米苗，主生长点已冻死，要及时毁种补种能够正常成熟的作物。⑤加强病虫害的防治和田间管理工作。玉米苗期受冻后，抗逆性有所下降，应根据田间情况，加强病虫的预测预报并及时做好防治工作。此外，要注重单株管理，重视氮、磷、钾平衡施用，促进田间受冻玉米苗均衡生长。

34. 高温干旱为害玉米的症状表现及挽救措施有哪些？

玉米遭遇严重干旱时，玉米幼株的上部叶片卷起，并呈暗绿色（图132）。成株在氮肥充足情况下也表现为矮化、细弱，叶色变为黄绿色，严重时叶片边缘或叶尖变黄，随后下部叶片的叶尖端或叶缘干枯（图133）。玉米遭遇长时间干旱，叶片虽都已抽出，但雌穗不吐丝，或吐丝延迟，不能受粉结实，见图134。雌穗分化期遭受持续高温会导致苞叶过短（图135）；抽雄授粉期遭遇持续高温干旱，可致玉米授粉受精不完全，即精细胞与中央细胞融合受阻，不能形成胚乳，而形成透明秕粒（图136）。

图132　苗期天气干旱引起的卷叶

图133　拔节期天气干旱引起的卷叶

图134　干旱导致抽雄过早

图135　雌穗分化期遭受持续高温导致苞叶过短

图136　干旱引起籽粒灌浆慢，形成透明秕粒

　　防治方法：①抗旱浇水。②选用抗旱品种，如农大84、中地77、沈玉17、沈玉21、沈玉29、先玉335、金海5、丹玉39等。③灌水降温。④浅中耕松土。俗话说"锄底下有水"，干旱初期，可进行浅中耕。具体方法：用锄头浅锄2～3厘米土层，将土块打碎成细土回铺。这样切断了土壤的毛细管道与表土的连接，深层土壤水就不会被源源不断的蒸发掉。⑤进行辅助授粉。在高温干旱期间，花粉自然散粉传粉能力下降，可采用竹竿赶粉人工辅助授粉法，使落在柱头上的花粉量增加，增加选择授粉受精的机会，减少高温对结实率的影响，一般可增加结实率5%～8%。⑥根外喷肥。用尿素、磷酸二氢钾水溶液于玉米大喇叭口期、抽穗期、灌浆期连续进行多次喷雾，增加植株穗部水分，能够降温增湿，同时可给叶片提供必需的水分及养分，提高籽粒饱满度。

35. 水涝为害玉米的症状表现及挽救措施有哪些？

　　玉米需水量虽然很大，但却不耐涝。涝害对玉米的为害表现为：玉米生长缓慢，植株软弱，叶片变黄，茎秆变红，根系发黑并腐烂（图137，图138）。久旱遇雨涝，玉米生长加速，导致新叶不能展开，形成鞭状卷心（图139）。玉米不同生育期的抗涝能力不同。苗期抗涝能力弱，夏玉米种植区苗期正值雨季，常常发生涝灾。七叶期之前土壤含水量达到田间持水量的90%时，玉米开始受害；土壤处于饱和状态时，根系生长停止，时间过长则全株死亡。拔节后抗涝能力逐渐增强；成熟期根系衰老，抗涝能力减弱，容易早衰（图140）。

图137　雨后玉米泡在水中

图138　水涝后玉米苗黄化

图139　水涝引起玉米卷心　　　　　图140　水涝过后引起玉米早衰

预防玉米涝害措施：①选用抗涝品种。抗涝品种一般根系里具有较发达的气腔，在易涝条件下叶色较好，枯黄叶较少。在易涝地区，可在已有玉米杂交种中，选择较抗涝的品种，京津唐地区可选择高秆大穗型品种如致泰1号、连科8号、中科10号、东单60、强硕68等。②调整播期。玉米苗期最怕涝，拔节后其抗涝能力逐步增强。因而，可调整播期，使最怕涝的生育阶段同多雨易涝的季节错开。华北地区雨季常在7月中下旬或8月上中旬开始，采用麦垄套种和麦收后提早播种，尽量使玉米在雨季开始前拔节，提高其抗逆能力。③排水。雨后及时排水，避免浸泡时间过长，引起根系死亡。④中耕。俗话说"锄底下有火"，排涝后及时进行深中耕，可有效提高玉米根部土壤温度，促进根系正常生长发育。

36. 高温炙烤为害玉米的症状表现及挽救措施有哪些？

近年有些农户在小麦收获后，由于麦茬较高，造成下茬玉米播种质量不好，所以常常烧麦茬，常造成临近地块早播种的玉米受害。玉米受害后，有的全株失水干枯，有的上部叶片失水干枯，变成灰白色，离火源越近受害越重（图141，图142）。

主要防治措施：加大禁烧秸秆宣传力度，努力推广玉米铁茬免耕播种技术。玉米受害后，严重地块及时毁种补种或移栽补苗，受害较轻的地块视情况及时剪除干枯叶片，同时浇水追肥，喷洒磷酸二氢钾、尿素等叶面肥，促进玉米生长，尽可能降低损失。

图141 烧麦秸炙烤引起玉米苗上部叶片干枯

图142 玉米苗上部叶片干枯

37. 冰雹为害玉米的症状表现及挽救措施有哪些？

玉米遭受冰雹为害后的几种田间表现：①苗期玉米受害容易引起心叶展开困难。玉米苗未展开幼叶受损后，由于受伤组织坏死，导致心叶不能正常展开，叶片卷曲皱缩，见图143。②叶片撕裂破损。由于冰雹的机械击打作用，玉米叶片成斑点状或条

图143 苗期玉米被雹砸叶片下披

状破损撕裂，严重的只剩茎秆，见图144和图145。③倒伏淹水。

主要防治措施：①扶苗。雹灾发生时有部分苗被冰雹或暴雨击倒，有的则被淹没在泥水中，容易造成秧苗窒息死亡。雹灾过后，要及时将倒伏或淹没在水中的秧苗扶起，使其尽快恢复生长。②喷施叶面肥。受雹灾为害的玉米植株，由于叶片损伤严重，光合作用弱，玉米体内有机营养不足。雹灾过后应适当喷施叶面肥，如0.3%磷酸二氢钾+0.6%尿素溶液，或芸薹素内酯等叶面肥，促使植株尽

图144　玉米遭受冰雹为害，上部只　图145　灌浆期玉米遭遇冰雹成光秆
　　　余叶脉

快恢复生长。③深中耕散墒。雹灾发生时伴随暴雨，土壤水分过多、过湿，导致根系缺氧，雹灾过后，应及早进行深中耕松土，增强土壤通透性，促进根系生长和发育。④舒展叶片、剪除枯叶碎叶。受损不严重叶片要及时梳理，尽快恢复光合作用；植株顶部幼嫩叶片组织受冰雹击打坏死的叶片和碎叶，影响玉米心叶正常展开要及时剪除。雹灾过后，应及时合理施肥，损伤的叶片尽量恢复生长，以便使叶片及早进行光合作用。⑤加强病虫害防治。雹灾的地块叶片受损严重，极易感染病害和虫害，应加强监测及时防治。可在喷施叶面肥时混用80%多菌灵可湿性粉剂500 ~ 800液喷雾，预防病害发生。⑥及时补种毁种。玉米前中期受灾严重，要及时毁种补种能正常成熟的作物。⑦玉米生长后期遭受严重冰雹为害，有条件地区与奶牛场联系及时进行青储，以降低损失。

38. 如何防止鸟雀啄食玉米幼苗和老鼠偷食玉米？

　　鸟雀常常将播种到地里的种子啄食，或把已出土幼苗拔下，啄食植株下部的玉米种子（图146）。玉米成熟期，鸟类往往撕裂玉米穗外苞叶，啄食鲜嫩的籽粒。为趋避鸟类，播种前可以采用有机磷农药如辛硫磷等拌种。

　　防治措施：出苗以后和成熟期，可以用扎稻草人，喷洒马拉硫磷、辛硫磷、敌敌畏等易挥发刺激味较大的农药或吊挂专业驱鸟剂等方法预防鸟雀为害。

老鼠常常偷食播种的未包衣种子，造成缺苗断垄；玉米成熟后，偷食玉米穗上的籽粒，不仅影响产量，还可能传播鼠疫等疾病（图147）。

主要防治措施：播种前使用辛硫磷等杀虫剂进行拌种；玉米成熟期应用溴敌隆等鼠药诱杀老鼠，并根据成熟情况及早收获。

图146　鸟雀啄食玉米幼苗

图147　老鼠偷食玉米后只剩穗轴

39. 空气污染玉米的症状表现及挽救措施有哪些？

随着工业的发展，城乡工业区附近空气污染经常出现，使玉米生产受到较大损失。在工业生产中由于排出对作物有害的气体或粉尘，如二氧化硫、氟化氢等；此外在日光照射下，由氧化氮、碳化氢之间进行光合化学反应产生的臭氧、过氧乙酰硝酸盐也可对玉米产生毒害。玉米受害症状均匀，离污染源排放点近的地块为害严重。

图148　酸雨灼烧为害

一般情况下，玉米上部叶片受害严重，主要表现有叶片黄化坏死、叶脉间出现白色坏死斑或黄褐色坏死条纹等症状（图148 ~ 图150）。

清除污染源是预防空气污染的最佳措施。对于受害较轻的玉米，可以通过喷洒0.136%赤霉素·吲哚乙酸·芸薹素内酯可湿性粉剂、0.6%尿素水和复硝酚钠等叶面肥和激素来缓解症状。

图149　粉尘造成玉米上部叶片黄化

图150　工厂粉尘污染玉米

40. 如何防治玉米苗期根腐病？

玉米3 ~ 6叶期易发根腐病，发病幼苗一般下部叶片黄化或枯死，植株矮小，或茎叶为灰绿色或黄色失水干枯；种子根变褐腐烂，可扩展到中胚轴，严重时幼芽烂死。幼苗初生根皮层坏死，变黑褐色，根毛减少，无次生根或仅有少数次生根。茎基部水渍状或黄褐色腐烂或缢缩，可使茎基部节间整齐断裂。通常无次生根的病苗死亡，造成缺苗断垄，有少数次生根的成为弱苗，底部叶片的叶尖发黄，并逐渐向叶片中下部发展，最后全叶变褐枯死。病苗发育迟缓，生长衰弱。严重时各层叶片黄枯或青枯，见图151 ~ 图154。

玉米苗期缺钾与根腐病症状相似，均表现为下部叶片黄化干枯，植株瘦弱。但缺钾症叶片边缘黄化，根系生长正常，不腐烂变黑，这是与根腐病的主要区别，见图155。

图 151　根腐病田间症状

图 152　根腐病幼苗

图 153　根腐病苗根部与
　　　　健壮苗根部对比

图 154　根腐病田间症状

图 155　玉米缺钾症（疑似根腐病）

　　苗期根腐病在春玉米上发病较重，夏玉米发病相对较轻，重病田往往因病缺苗40%～60%。该病可由多种病菌引起，目前已知有镰刀菌、腐霉菌、立枯丝核菌、蠕孢菌、链格孢菌等病菌能引起该病，多种病原菌可混合发生。病原菌随病残体越冬或在土壤中越冬，成为第二年初侵染菌源，玉米种子也带菌传病。玉米苗期持续低温多雨是根腐病发生的主要诱因，这种气象特点导致春玉米发病较重。

沙质土壤、有机质含量低的瘠薄土壤、多年重施化肥而板结的土壤发病均重，有机质含量高的土壤发病较轻。连作田块，偏施氮肥，磷、钾缺乏的田块，以及密度过大、通风透光差、地势低洼、湿度高的田块，发病较重。播种过深，玉米出苗时间延长，或苗期虫害严重，造成幼苗伤口较多时，根腐病也趋于严重。玉米品种间抗病性有差异，连年大面积种植高感品种发病重。小粒玉米杂交种苗期长势较弱，对高温、多湿较敏感，发病较重。

防治方法主要有种植抗病品种、种子药剂处理和改进栽培管理等综合措施。①抗病品种主要有登海605、和玉1、鲁单818、沈玉21、联创808等。感病品种主要有郑单958、浚单20、致泰1、先玉335、农大84、GH118等。②药剂处理可用50%多菌灵可湿性粉剂，按种子重量0.2%～0.3%的用药量拌种，或用70%甲基硫菌灵可湿性粉剂500倍液浸种，或2.5%咯菌腈种衣剂等也有效。根腐病初发期还可喷施50%多菌灵可湿性粉剂600倍液，或98%噁霉灵可湿性粉剂500倍液灌根可有效控制该病发展。③加强栽培管理施用适量有机肥作基肥，增施磷、钾肥和微肥，培育壮苗；玉米出苗后及时中耕松土，促进根系发育。病田适当推迟定苗时间，剔除病苗弱苗，及时补苗。发病较轻的田块，每亩追施尿素7.5～10千克，促进弱苗生长。

41. 如何防治玉米矮花叶病?

该病是由玉米矮花叶病毒引起的，病毒通过蚜虫以非持久性方式或汁液摩擦传播。玉米整个生育期都可以发病，苗期受害最重，抽穗后发病较轻。高温时病症消退或不明显。最初在幼苗心叶叶脉间出现椭圆形褪绿斑点、斑纹，长短不一，病部有的受叶脉限制有的不受叶脉限制，都继续扩展，与健部形成花叶症状。在褪绿花叶内部夹杂着圆形、椭圆形、长条形等各种不同形状的绿色斑点，形似"绿岛"，这是区别于其他叶部病害的典型特征（图156，图157）。受叶脉限制的一些品种，就与绿色叶脉形成黄绿相间的条纹花叶，见图158。

　　该病主要靠蚜虫的扩散而传播，因此清除田间地头杂草，消灭蚜虫的中间寄主；适当晚播避开蚜虫高发期；种植抗病品种等是防治该病的主要农业防治措施。使用70%吡虫啉种衣剂、或70%噻虫嗪种衣剂进行包衣；玉米苗期喷施10%吡虫啉可湿性粉剂 +0.5%菇类蛋白多糖水剂，或20%啶虫脒可湿性粉剂 +5%菌毒清水剂叶面喷雾，也可有效降低该病发生。

图156　玉米苗期矮花叶病　　图157　叶片褪绿部分形　　图158　形成黄绿相
　　　　　　　　　　　　　　　　　　成"绿岛"　　　　　　　　间条纹

42. 如何防治玉米粗缩病（坐地炮）?

　　玉米粗缩病是一种毁灭性病害，不可治愈。玉米整个生育期都可感染发病，以苗期受害最重，5 ~ 6片叶即可显症，开始在心叶基部及中脉两侧产生透明的褪绿虚线条点，逐渐扩及整个叶片。病苗叶色浓绿，叶片僵直，宽短质硬，心叶不能正常展开，病株生长迟缓、矮化叶片背部叶脉上产生蜡白色隆起条纹，用手触摸有明显的粗糙感，节间粗短，顶叶簇生状如君子兰。叶背、叶鞘及苞叶的叶脉上具有粗细不一的蜡白色条状突起，有明显的粗糙感。9 ~ 10叶期，病株矮化现象更为明显，上部节间短缩粗肿，顶部叶片簇生，病株高度仅为健株高的1/2或1/3，多数不能抽穗结实，果穗畸形，花丝极少，个别雄穗虽能抽出，但分枝极少，且肉质化没有花粉。病株根系少而短，易从土壤中拔出（图159 ~ 图165）。

　　粗缩病毒在冬小麦及其他杂草寄主越冬，也可在传毒昆虫体内越冬，主要靠灰飞虱传毒。第二年玉米出土后，借传毒昆虫将病毒传染

图159　和玉1苗期病株　　图160　CF024大喇叭口期病株　　图161　东单60灌浆期病株

图162　玉米抽雄期粗缩病田间为害状

图163　粗缩病为害雄穗致其肉质化　　图164　粗缩病典型植株

到玉米苗或高粱、谷子、杂草上，辗转传播为害。玉米5叶期以前易感病，10叶期以后抗性增强，即便受侵染发病也轻。玉米秸秆糖度高、叶色淡绿品种发病重；距离路边、树林、河边、山坡杂草近的地块发病重；杂草多的地块发病重。

图165　叶片背面有白色蜡泪状突起

在玉米粗缩病的防治上，要坚持以农业防治为主、化学防治为辅的综合防治方针，其核心是控制毒源、减少虫源、避开为害。主要防治方法：①选用抗病品种。尽管目前玉米生产中应用的主栽品种中缺少抗病性强的良种，但品种间感病程度仍存在一定差异。抗病性较强品种有先玉335、登海605、华农118、三北21、强盛30、农大108等；感病品种有东单60、三北6、CF024等。②清除路边、田间杂草。杂草是玉米粗缩病传毒介体灰飞虱的越冬越夏寄主，玉米5叶1心前可用10%硝磺草酮悬乳剂100克＋50%莠去津悬乳剂100克，兑水30千克全田喷雾，5叶1心后要定向喷雾，避免喷到玉米心叶里。③药剂拌种。使用70%吡虫啉种衣剂或70%噻虫嗪种衣剂拌种，具体方法为10克70%吡虫啉种衣剂兑水200克，拌玉米种子2.5千克，可有效控制灰飞虱为害，从而降低粗缩病的发生。④喷药杀虫。玉米苗期出现粗缩病的地块，要及时拔除病株，并根据灰飞虱虫情及时用10%吡虫啉可湿性粉剂1 500倍液，或20%啶虫脒可湿性粉剂2 000倍液，同时配合20%盐酸吗啉胍可湿性粉剂500倍液或1.5%植病灵乳剂1 000倍液，每隔5～7天喷1次，连喷2～3次，可有效降低粗缩病发生。

43. 如何防治玉米细菌性顶腐病?

玉米细菌性顶腐病在抽雄前均可发生。典型症状为心叶呈灰绿色失水萎蔫枯死，形成枯心苗或丛生苗；叶基部腐烂，呈水渍状，腐烂处有恶臭味，有黄褐色黏液，臭味常常引诱许多苍蝇聚集；严重时用手能够拔出整个心叶,轻病株心叶扭曲不能展开。抽雄前发病,有时外层叶片坏死成薄纸状,紧紧包裹内部叶片,心叶扭曲不能展开,顶部叶片卷缩成直立"长鞭状",有的在形成鞭状时被其他叶片包裹不能伸展形成"弓状",有的顶部几个叶片扭曲缠结不能伸展,缠结的叶片常呈"撕裂状""皱缩状",外部包裹叶片腐烂变褐色,紧紧地包裹在植株顶部,以致雄穗不能抽出(图166~图171)。

图166 顶部叶片 成长鞭状

图167 顶腐病后期田间为害症状

图168 导致雄穗腐烂

图169 顶部叶片成弓状

图170　叶片成撕裂状

图171　撕除了腐烂包裹叶
片，雄穗已抽出

　　高温高湿有利于病害流行，害虫或其他原因造成的伤口利于病菌侵入。该病多出现在雨后或田间灌溉后，低洼或排水不畅，密度过大，通风不良，施用氮肥过多，病虫害严重地块发病较重。病菌在土壤病残体上越冬，第二年从植株的气孔或伤口侵入。

　　有些农户在防治钻蛀性害虫时，使用乐果、辛硫磷、高效氯氰菊酯等农药进行点心、灌心时，常常由于浓度过高引起玉米心叶腐烂，同时引起细菌等杂菌感染，导致误判，见图172。该类药害田间症状表现具有均匀性发病，田间地头容易重喷重撒的地段发病相对较重。而病害具有点片发病，向四周扩散为害的特点。

　　防治方法：心叶严重腐烂地块，要及时翻种其他作物；对玉米心叶已扭曲腐烂的较重病株，可用剪刀剪去包裹雄穗以上的叶片，以利于雄穗的正常吐穗，并将剪下的病叶带出田外深埋处理；严禁大水漫灌，低洼地块雨后要及时排水。及时防治病虫害，苗期注意防治玉米螟、蓟马、瑞典蝇、棉铃虫等害虫以减少伤口。

　　发病初期可喷洒72%农用链霉素可溶性粉剂3 000倍液，或25%叶枯唑可湿性粉剂800倍液，或50%氯溴异氰尿酸可溶性粉剂1 000

图172　乐果点心形成药害田间症状

倍液，或新植霉素4 000倍液进行防治。

44. 如何防治玉米茎基腐病？

茎基腐病又称青枯病、茎腐病，是由多种病原菌单独或复合侵染造成根系和茎基部腐烂的一类病害，主要由腐霉菌和镰刀菌侵染引起，也可由细菌侵染引起。患病玉米茎基部皮层呈淡褐色、黑褐色或紫红色，绕茎基部一圈，失水干缩，且叶片变黄，萎蔫，剖开茎秆内髓变灰褐色，成乱麻状，果穗下垂，籽粒秕瘦容重低（图173 ~ 图176）。

该病为典型的土传病害，病菌在病残体、土壤中存活越冬，成为翌年主要侵染源。在田间可借风雨、灌溉水、机械和昆虫进行传播，可发生多次再侵染。连作年限越长，发病重。一般早播和早熟品种发病重，岗地发病较轻，洼地和平地发病重。土壤肥沃，有机质丰富，排灌条件良好，玉米生长健壮的发病轻，而沙质瘠薄土壤或黏重土壤，排水条件差，玉米生长弱而发病重。春玉米发病于8月中旬，夏玉米则发病于9月上、中旬。一般在玉米散粉期至乳熟初期遇大雨，雨后暴晴，气温回升快，发病较多。

图173 病株与健株对比

图174 腐霉菌根腐髓部成湿腐状

图175 镰刀菌根腐髓部变红或干腐状

图176 田间症状

防治方法：①种植抗病品种如和玉1、先玉688、登海605、华农866、华农118、玉单2、陕科6、金海5、先玉335、NK718等。②加强栽培管理，合理施肥，合理密植，培育壮苗，降低田间湿度等措施可以减少发病。③合理轮作，深翻土壤，收获后及时清理病残体，减少田间菌源。④发病初期可用72%农用链霉素3 000倍液，加30%甲霜·噁霉灵1 000倍喷施基部2～3次。

45. 如何防治玉米纹枯病?

纹枯病从苗期到穗期均可发病,主要由立枯丝核菌侵染引起。主要为害叶鞘,也可为害叶片、苞叶及果穗,严重时可侵害茎秆内部。发病初期在近地面的叶鞘上产生暗绿色水渍状斑点,逐渐扩大成椭圆形或不规则形病斑,成熟病斑中央为枯白色、或灰褐色,边缘为暗褐色,数个病斑相连成云纹状大病斑,气候适合就逐渐向上向内侵染蔓延。病斑可沿叶鞘侵染苞叶,继而为害籽粒和穗轴,引起穗腐。也可通过叶鞘侵染茎秆,在茎秆表皮留下褐色或黑褐色不规则大型病斑。多雨、高湿持续时间长时,病部长出稠密的白色菌丝体,菌丝进一步聚集成多个菌丝团,形成小菌核,初为白色,后变成黑褐色(图 177 ~ 图 180)。

该病菌喜高温高湿,在20 ~ 30℃,相对湿度90%以上易流行,所以一般7、8月雨水多的年份发病重。连作田、涝洼地、播种过密、施氮过多地块易发病。主要发病期在玉米性器官形成至灌浆充实期,苗期和生长后期发病较轻。

图177　纹枯病为害叶鞘

图178　纹枯病为害茎秆

图179　纹枯病为害苞叶　　　　图180　纹枯病黑褐色菌核

防治方法：①玉米收获后及时清除病残体，并深翻整地以减少田间菌源。发病初期结合其他农事操作摘除植株下部病叶和叶鞘，可减少病菌再侵染的机会。②选用抗（耐）病的品种，实行轮作，合理密植，注意开沟排水降低湿度。③药剂防治。每10千克种子可用2%戊唑醇湿拌种剂2～3克拌种，或2.5%咯菌腈悬浮种衣剂5～7.5毫升浸种。发病初期在茎基叶鞘上喷洒5%井冈霉素水剂1 000倍液，或25%苯醚甲环唑乳油1 500倍液，或50%农利灵可湿性粉剂1 000倍液喷雾。

46. 如何防治玉米南方锈病？

该病可侵染叶片、叶鞘，严重发生时也可侵染苞叶。病原菌最初侵染，在叶片上形成褪绿小斑点，很快发展为黄褐色突起的疱斑，即病原菌夏孢子堆。夏孢子堆圆形、卵圆形，比普通锈病的夏孢子堆更小，色泽较淡。孢子堆开裂后散出金黄色到黄褐色的夏孢子，覆盖夏孢子堆的表皮开裂缓慢而不明显。严重时全株布满夏孢子堆。在抗性品种上夏孢子堆很小或没有，只形成褪绿斑（图181 ~ 图183）。

玉米南方锈菌是专性寄生菌，只能寄生在玉米活的组织上，不能脱离寄主植物而长期存活。因此病原菌是在南方越冬后随气流远距离传播为害。高温（26 ~ 32℃）、多雨、高湿的气候条件适于南方锈病发生。

防治方法：发病初期，可用25%三唑酮可湿性粉剂1 000倍液，或12.5%烯唑醇可湿性粉剂4 000倍液，或25%丙环唑乳油3 000倍液，或30%苯醚甲环唑·丙环唑乳油3 000倍液喷雾防治。

图181　南方锈病侵染叶鞘

图182　南方锈病侵染叶片

图183　南方锈病田间症状

47. 如何防治玉米细菌性叶斑病？

玉米植株发病时，先从基部或在雌穗上下叶片出现水渍状暗绿色（似开水烫过）病斑，后病斑转呈枯白色，病斑呈椭圆形、细长条形或不规则形，逐渐扩大并相连成为10 ~ 20厘米,受叶脉限制的长条斑，或多个病斑汇合成不规则大斑（图184）。严重时病斑可延至叶鞘，湿度大时叶鞘内有黏度菌胶。

病原细菌在种子、土壤或病残体上越冬，第二年借风雨、昆虫或人工田间操作传播，从玉米植株伤口或气孔侵入致病。高温高湿、地势低洼排水不良、密度过大、土壤板结、虫害严重的地块发病重。

图184　细菌性叶斑病侵染叶片

防治方法：以农业防治为主，化学防治为辅的综合防治措施。①选用抗病品种。②加强田间管理，合理密植，平衡施肥，及时排出田间积水，中耕松土排湿，收获后清除田间病残体。③化学防治。在发病初期，每亩用47%春雷霉素·氧氯化铜可湿性粉剂1 000倍液，或77%氢氧化铜可湿性粉剂800倍液，或72%农用链霉素可溶性粉剂3 000倍液，或50%氯溴异氰尿酸可湿性粉剂1 000倍液，或25%叶枯唑可湿性粉剂1 000倍液均匀喷雾，间隔7～10天喷雾1次，连续喷2～3次。

48. 如何防治玉米大斑病?

主要为害玉米的叶片、叶鞘和苞叶。叶片染病先出现水渍状青灰色斑点，然后沿叶脉向两端扩展，形成边缘暗褐色、中央淡褐色或青灰色的长梭形大型病斑。病斑长5～10厘米，宽1厘米左右，有的更大，后期病斑常纵裂。严重时病斑融合，叶片变黄枯死。潮湿时病斑上有大量灰黑色霉层（图185～图188）。在一些高抗品种的叶片上，常形成长窄梭形褐色病斑（图189）。

病原菌为大斑凸脐蠕孢，属半知菌亚门真菌。病原菌以休眠菌丝体或分生孢子在病残组织内越冬，成为第二年初侵染源。玉米生长季节，越冬菌源产生的孢子随雨水飞溅或气流传播到玉米叶片上，在适宜的温湿度条件下侵入玉米植株，经10～14天即可引起局部萎蔫，组织坏死，并形成枯死病斑，潮湿条件下在病斑上可产生分生孢子，借气流传播进行再侵染。温度20～25℃、相对湿度90%以上利于病害发展。气温高于25℃或低于15℃，相对湿度小于60%，持

图185 玉米大斑病长梭形条斑

图186 玉米大斑病病斑上黑色霉层

图187 玉米大斑病中期症状

图188 玉米大斑病田间症状

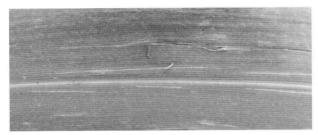

图189 大斑病在抗病品种上的表现

续几天，病害的发展就受到抑制。在北方春玉米区，从拔节到出穗期间，气温适宜，又遇连续阴雨天，病害发展迅速，易大流行。玉米孕穗、出穗期间氮肥不足发病较重。低洼地、密度过高、连作地易发病。冀东地区以8月中下旬、9月多雨年份发病相对较重。

玉米大斑病的防治应以种植抗病品种为主，加强农业防治，辅以必要的化学防治。

①选用抗病品种。根据当地优势小种选择抗病品种，注意防止其他小种的变化和扩散，选用不同抗性品种及兼抗品种。如郑单958、致泰1、沈玉21、伟科702、沈单16、农大108、迪卡516、丹玉405、吉祥1、飞天358、东单60、万孚1、农大84等抗病性强的品种。先玉335、中农大221、华农118、鲁单9002等品种在冀东地区发病相对较重。

②加强农业防治。玉米适期早播，避开病害发生高峰。冬前深翻整地，减少初侵染源。合理密植，降低田间郁闭程度。轮作倒茬，避免重茬，减少病源在田间积累。施足基肥，增施磷、钾肥，分期追肥，防止后期脱肥，培育健壮植株，增强抗病能力。做好中耕除草培土工作，早期摘除底部病叶，降低田间相对湿度，也可减轻发病。低洼地块注意及时排水。玉米收获后，及时清洁田园，彻底消除田内外病残组织。实行套种，玉米与大豆、花生、小麦、甘薯、马铃薯等矮秆作物间作套种，可改善通风透光条件，降低田间湿度，减轻发病率。

③化学防治。可在发病初期喷洒50%多菌灵可湿性粉剂500倍液，或75%百菌清可湿性粉剂500倍液，或50%异菌脲可湿性粉剂1 000 ~ 1 500倍液，或10%苯醚甲环唑水分散粒剂3 000倍液，或25%丙环唑乳油1 000 ~ 1 500倍液，或25%咪鲜胺乳油500 ~ 1 000倍液，或50%腐霉利可湿性粉剂1 000倍液隔7 ~ 10天喷1次，连续防治2 ~ 3次。

49. 如何防治玉米小斑病？

玉米小斑病又称玉米斑点病，由半知菌亚门玉蜀黍离蠕孢菌侵染所引起的一种真菌病害，为我国玉米产区重要病害之一，感病品种一般在中度流行年份减产10% ~ 20%，减产严重的达50%以上，甚至无收。小斑病不仅为害叶片、苞叶和叶鞘外，对雌穗和茎秆的致病力也比大斑病强，可造成果穗腐烂和茎秆断折。初侵染病斑为水渍状半透明的小斑点，成熟病斑有3种类型：一是梭形病斑：一般病斑相对较小，大小为（0.6 ~ 1.2）毫米 ×（0.6 ~ 1.8）毫米，梭形或椭圆形，病斑褐色或黄褐色（图190，图191）。二是条形病斑：病斑受叶脉限制，两端呈弧形，病斑黄褐色或灰褐色，边缘深褐色，大小（2 ~ 6）毫米×（3 ~ 24）毫米，湿度大时病斑上有灰黑色霉层，病斑上有时出现轮纹（图192）。三是点状病斑：病斑为点状，黄褐色，边缘紫褐色或深褐色，周围有褪绿晕圈，点状病斑一般产生在抗性品种上（图193）。

图190　玉米小斑病病叶

图191　玉米小斑病梭形病斑

图192　玉米小斑病条形病斑

图193　玉米小斑病点状病斑

　　小斑病发病时间比大斑病早，主要以菌丝体在病残株上越冬，分生孢子也可越冬，但存活率低。玉米小斑病的初侵染菌源主要是上年收获后遗落在田间或玉米秸秆堆中的病残株，如病叶、苞叶、秸秆等都是第二年的初侵染的主要菌源。玉米小斑病病菌菌丝发育适温为28 ~ 30℃，形成分生孢子的最适温度为20 ~ 30℃，分生孢子萌发的适宜温度为26 ~ 32℃。玉米生长季节内，遇到适宜温、湿度，越冬菌源产生分生孢子，借气流或雨水传播到玉米叶片上，在

图194 小斑病侵染茎秆

叶面有水膜条件下分生孢子4～8小时即萌发产生芽管侵入到叶表皮细胞里，经3～4天即可形成病斑。以后病斑上又产生大量分生孢子借气流或雨水进行重复侵染。冀东地区每年的7～8月正处于高温多雨季节，玉米正处于孕穗抽雄期，秸秆高，田间郁闭湿度较大，叶面容易形成水膜，极易造成小斑病的流行。在田间，最初在植株下部叶片发病，向周围植株传播扩散（水平扩展），病株率达一定数量后，向植株上部叶片扩展（垂直扩展），见图194。

小斑病发病轻重，同品种、气候、菌源量、栽培条件等密切相关。一般，抗病力弱的品种，生长期内露水较多、露水时间长、田间闷热潮湿、施肥不足等情况下发病较重。夏玉米比春玉米发病重，低洼地、排水不良、土壤潮湿、过于密植荫蔽地、连作田发病相对较重。

防治方法：

①选种抗病品种。注意防止其他小种的变化和扩散，选用不同抗性品种及兼抗品种，如：郑单958、浚单20、陕科6、伟科702、沈玉21、沈单16、玉单2、农大108、矮单268、金海5等抗病性强的品种。

②加强农业防治。清洁田园，深翻土地，使病残体埋入10厘米以下土层以控制菌源；适时播种，使抽穗期避开多雨高湿天气；摘除下部老叶、病叶，减少再侵染菌源；降低田间湿度；施足底肥，增施磷、钾肥，适时适量追肥，加强田间管理，增强植株抗病力。

③药剂防治。发病初期喷洒75%百菌清可湿性粉剂800倍液，或25%丙环唑乳油1 500倍液，或25%咪鲜胺乳油1 000倍液，或25%

异菌脲悬浮剂800倍液，或70%甲基硫菌灵可湿性粉剂600倍液，或25%苯菌灵乳油800倍液，或50%多菌灵可湿性粉剂600倍液，或50%腐霉利可湿性粉剂800～1 000倍液，间隔7～10天1次，连喷2～3次。

50. 如何防治玉米灰斑病？

　　玉米灰斑病又称尾孢叶斑病、玉米霉斑病，病原菌为半知菌亚门玉蜀黍尾孢菌，该菌除侵染玉米外，还可侵染高粱等多种禾本科植物。玉米灰斑病是近年上升很快、为害较严重的病害之一。一般发生年份可减产20%，严重时可减产30%～50%。

　　该病主要为害叶片，也可侵染叶鞘和苞叶。发病初在叶面上形成无明显边缘的椭圆形至矩圆形灰色至浅褐色病斑，后期变为褐色。成熟病斑为灰褐色或黄褐色，病斑多限于平行叶脉之间，呈长方形，两端较平，这是区别其他叶斑病的重要特征（图195），条斑形小斑病病斑两端多为弧形（图196），病斑大小（0.5～4）毫米×（0.5～30）毫米。病斑可相互汇合连片，造成叶片干枯。湿度大时，病斑可生出灰色霉状物，即病菌分生孢子梗和分生孢子，背面尤为明显。病菌主要以菌丝体或子座在病残体上越冬，成为第二年初侵染源。该病菌只能在田间地表的病残体中越冬，埋在土壤中的病残体上病菌会很快丧失生命力。越冬病原菌在20～25℃，相对湿度达到90%以上时，在叶面上形成水滴或水膜，产生分生孢子随气流和雨滴飞溅进行重复侵染，不断扩展蔓延。病菌多在抽雄期玉米下部叶片开始发病，因此在8月中下旬至9月上旬降雨多、湿度大的年份易发病。个别地块可引致大量叶片干枯。品种间抗病性有差异。

图195　玉米灰斑病

防治方法：

①种植抗病品种。冀东地区比较抗病的品种有丹玉405、农大84、三北6、沈单16、飞天358、东单60、中科10、致泰1等品种。

②收获后及时清除病残体，并深翻整地，将病残体埋入耕层，减少病菌越冬基数。

图196　小斑病引起条形斑，疑似灰斑病

③加强田间管理。进行轮作套种，播种时施足底肥，适时追肥，防止后期脱肥。雨后及时排水，防止湿气滞留。

④药剂防治。发病初期喷洒75%百菌清可湿性粉剂500 ～ 600倍液，或50%多菌灵可湿性粉剂600 ～ 800倍液，或10%苯醚甲环唑水分散粒剂1 500倍液，或75%甲基硫菌灵可湿性粉剂800倍液，或50%异菌脲可湿性粉剂1 000 ～ 1 500倍液、或50%苯菌灵可湿性粉剂1 500倍液、25%苯菌灵乳油800倍液、20%三唑酮乳油1 000倍液，一般间隔7 ～ 10天喷1次，连喷2 ～ 3次，防治效果较好。

51. 如何防治玉米圆斑病？

病原菌为玉蜀黍圆斑离蠕孢菌，属于半知菌亚门。圆斑病菌主要侵染叶片、苞叶、叶鞘和果穗。叶片染病初为水渍状淡绿色至淡黄色小斑点，散生，病斑为圆形至卵圆形，有或无同心轮纹。病斑中部浅褐色或灰白色，边缘褐色或紫褐色，外围生黄绿色晕圈，大小（5 ～ 15）毫米×（3 ～ 5）毫米。有时多个病斑汇成长条状线形斑，病斑表面生黑色霉层。叶鞘染病时初生褐色斑点，后扩大为不规则形大斑，也具同心轮纹，表面产生黑色霉层。苞叶染病初为褐色斑点，近圆形，有轮纹，病斑上有黑色霉层（图197 ～ 图199）。病菌从外层苞叶侵染至果穗内部，主要为害籽粒和穗轴。病穗染病是从果穗尖端向下侵染，果穗籽粒呈煤污状，籽粒表面和籽粒间长

图 197 玉米圆斑病

图 198 玉米圆斑病病斑融合连片

图 199 玉米圆斑病病斑微具同心轮纹

有黑色霉层，即病原菌的分生孢子梗和分生孢子。

病原菌在病残体、土壤或种子上越冬，播种带菌的种子可引起烂芽或幼苗枯死。第二年随风雨传播到玉米植株上，侵染叶片和果穗，病菌可多次再侵染。温度在25℃左右，田间相对湿度达85%以上时，该病害开始流行。所以玉米吐丝至灌浆期是玉米圆斑病侵入的关键时期。

防治方法：

①加强植物检疫力度，不从疫区引种。

②种植抗病品种。冀东地区主要抗病品种有强硕68、华春1、中科10等高秆大穗稀植品种。

③加强田间管理。玉米收获时注意清除病残体，将病残体集中烧毁或深埋；合理密植，轮作套种，注意排涝，降低田间温湿度；施足基肥，补施磷钾肥，适时适量追施氮肥，培育健壮植株提高抗病力。

④药剂防治。在玉米吐丝盛期可以用25%三唑酮可湿性粉剂800～1 000倍液，或50%多菌灵可湿性粉剂600～800倍液，或80%代森锰锌可湿性粉剂500～600倍液，或40%腈菌唑乳油6 000～

8 000倍液喷雾防治，每隔7 ~ 10天1次，连喷2 ~ 3次。

52. 如何防治玉米弯孢霉叶斑病?

玉米弯孢霉叶斑病病菌为半知菌亚门真菌，主要为害叶片、叶鞘、苞叶。初为不规则褪绿病斑，逐渐扩展为圆形至椭圆形褪绿半透明或透明小斑点，根据品种不同也可形成梭形或长条形。病斑中间灰白色至黄褐色，边缘有红褐色，

图200　弯孢霉叶斑病初期症状

外围是较宽的浅黄色晕圈。病斑较小一般直径为1 ~ 2毫米圆斑点，大的可达（4 ~ 5）毫米 ×（5 ~ 7）毫米。感病品种多个病斑相连，呈片状坏死，严重时整个叶片枯死。在潮湿条件下，病斑两面均可产生灰黑色霉层，叶背面尤其明显（图200 ~ 图202）。该病叶斑形态与北方炭疽病相似，应注意区分。

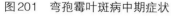

图201　弯孢霉叶斑病中期症状

图202　弯孢霉叶斑病典型症状

病菌在秸秆垛中或散布在地表的病残体上越冬，埋在土壤内的病残体中病原菌存活时间较短，多不能延续到下一个生长季节。翌年春季在适宜的温湿度条件下病残体中的病菌产生分生孢子梗和分生孢子，分生孢子借气流和雨水传播。在玉米叶片表面有水膜情况

下，分生孢子迅速萌发侵入叶片，病原菌可在3～4天完成一个侵染循环，一个生长季节可多次再侵染。品种抗病性随植株生长而递减，苗期抗病性较强，成株期发病重。弯孢霉叶斑病属高温高湿型病害，冀东地区7～8月为高温多雨季节，利于该病发生和流行。

防治方法：

①种植抗病品种。抗病品种主要有伟科702、吉祥1、先玉688、农大84、迪卡517、浚单22、宽诚15等。近年来唐山地区浚单20、纪元128、京单68感病较重，所以发病严重地区，尽量避免种植。

②加强田间管理。清除田间病残体，适时深翻整地。轮作换茬，间作套种，合理密植，加强田间通风透光，改善田间郁闭高湿小气候。适当早播，使玉米苗期得到锻炼根深苗壮。配方施肥，分期追肥，培育壮苗，提高抗病性。合理排灌，防止田间积水。

③药剂防治。可用10%苯醚甲环唑水分散粒剂1 500倍液，70%甲基硫菌灵可湿性粉剂600倍液，或40%氟硅唑乳油8 000～10 000倍液，或50%异菌脲可湿性粉剂1 000～1 500倍液均匀喷雾，每隔7～10天1次，共喷2～3次。

53. 如何防治玉米北方炭疽病？

北方炭疽病又名眼斑病，病原菌为半知菌亚门玉蜀黍球梗孢菌。该病常与弯孢霉叶斑病混合发生，两者病斑相似，容易混淆。北方炭疽病自玉米苗期到成株期均可发病，后期染病多发于中上部叶片、叶鞘和苞叶上。

发病初期为水渍状圆形褪绿小斑，以后扩展为圆形、卵形、椭圆形、矩圆形病斑，病斑中心乳白色至茶褐色，四周有褐色至紫色的环，紫环外周有狭窄的鲜黄色晕圈，与鸟眼形态相似，故称眼斑病。条件适宜时病斑汇合成片，使叶片局部或全部枯死。生于叶片背面中脉上的病斑矩圆形，褐色，多个病斑汇合后，中脉变黑褐色，而病斑正面中脉呈淡褐色（图203）。抗病品种叶片上的病斑仅为褐色小点。北方炭疽病病原菌可侵染叶片中脉，这是与弯孢霉叶斑病的区别。

图203　北方炭疽病侵染玉米叶片症状

病原菌随玉米病残体和种子越冬，也可在幼嫩的病组织上越夏。越冬后病残体产生的分生孢子，借风雨传播到叶片上，病原菌菌丝和分生孢子在20～30℃时开始萌发，最适宜萌发温度为25℃。一般在7～9月气温不高，降雨多的冷凉高湿条件下该病容易发生。

防治方法参照第52题。

54. 如何防治玉米褐斑病?

　　病原菌为鞭毛菌亚门玉蜀黍节壶菌。主要为害果穗以下叶片，同时也可为害叶鞘和茎秆，叶片与叶鞘相连部位容易感病。叶片、叶鞘染病后病斑圆形至椭圆形，褐色或红褐色常密集成行。病斑初为水渍状，后变成褐色、红褐色至紫褐色。病斑四周的叶肉常成粉红色，后期病斑表皮易破裂，散出黄褐色粉末。叶鞘严重受害时的茎节，常在感染中心折断（图204，图205）。病菌以休眠孢子囊在病残体上或土壤中越冬。翌年玉米生长期产生分生孢子随风雨传播

图204　褐斑病侵染叶片症状

图205　褐斑病侵染茎秆

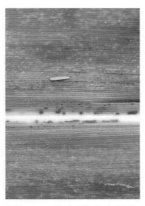

图206 北方炭疽病侵染
叶片中脉　　图207 弯孢霉叶斑病侵
染叶片　　图208 褐斑病侵染叶片

到叶片上为害（图206～图208）。7～9月气温高湿度大，长时间
降雨，密度大、低洼潮湿田块发病重。

防治方法参照第48题。

55. 如何分辨玉米各类叶部病害？

玉米叶部病害有大斑病、小斑病、灰斑病、圆斑病、弯孢霉叶
斑病、北方炭疽病等，田间发病时往往不易区别，以表1说明：

表1　玉米叶部病害鉴别对比表

项目	病　害　种　类						
	大斑病	小斑病	灰斑病	圆斑病	弯孢霉叶斑病	北方炭疽病	褐斑病
病菌种类	半知菌亚门大斑凸脐蠕孢菌	半知菌亚门玉蜀黍离蠕孢菌	半知菌亚门玉蜀黍尾孢菌	半知菌亚门玉蜀黍圆斑离蠕孢菌	半知菌亚门新月弯孢霉	半知菌亚门玉蜀黍球梗孢菌	鞭毛菌亚门玉蜀黍节壶菌

（续）

项目		病害种类						
		大斑病	小斑病	灰斑病	圆斑病	弯孢霉叶斑病	北方炭疽病	褐斑病
为害部位		叶片、叶鞘、苞叶	叶片、叶鞘、苞叶、果穗	叶片、叶鞘、苞叶	苞叶、果穗、叶片、叶鞘	叶片、叶鞘	叶片、叶鞘、苞叶	叶片、叶鞘、茎秆
病斑	与叶脉关系	不受叶脉限制	抗病品种受叶脉限制,感病品种不受叶脉限制	受叶脉限制,与叶脉平行	不受叶脉限制	不受叶脉限制,不侵染叶片中脉	不受叶脉限制,侵染叶片中脉	不受叶脉限制,侵染叶片中脉
	大小	多数长5~10厘米,宽1厘米	长10~15毫米,宽3~4毫米	长5~20毫米,宽05~2毫米	长3~13毫米,宽3~5毫米	直径1~2毫米,感病品种可达5毫米	长1~2毫米,宽0.5~1.5毫米	叶片上直径1毫米,中脉上3~5毫米
	形状	长梭形	感病品种椭圆形或近长方形;高感品种椭圆形	叶脉间形成圆形、卵圆形矩圆形病斑,与叶脉平行	圆形、卵圆形、椭圆形、矩圆形	成熟斑病圆形、椭圆形,也有的为梭形或长条形	圆形、卵圆形、椭圆形,斑病似鸟眼	圆形、近圆形、椭圆形小而隆起病斑
	颜色	灰褐色、黄褐色	黄褐色,边缘深褐色;灰褐色;黄褐色	病斑中央灰色,边缘褐色	中央浅褐色黄褐色,边缘褐色深褐色	病斑中央灰白色,边缘褐色或红褐色	病斑中央乳白色或灰褐色,边缘褐色至紫褐色	初为水渍状、黄色,后变红褐色至紫褐色
	轮纹	无	有时有	无	有	无	无	无
	霉层	灰黑色	灰黑色	病斑两面生灰色霉层	黑色	灰黑色	无	后期病斑破裂散黄色粉末
	晕圈	无	抗病品种有	发病初期有	有	有	有	无

（续）

项目	病害种类						
	大斑病	小斑病	灰斑病	圆斑病	弯孢霉叶斑病	北方炭疽病	褐斑病
侵染时期	主要发生在抽雄以后	全生育期，抽雄后为发病高峰	抽雄期后	玉米生长中后期	玉米生长中后期	全生育期	玉米生长中后期
侵染温度、湿度	适温20~27℃，最适温度23℃	适温26~32℃，日均25℃利于发病	20~25℃，雨水多，湿度大流行	23~30℃，7、8月发病重	30~32℃，高湿	20~30℃，适温25℃高湿	23~30℃，需有水滴
易发病部位	下部叶片	下部叶片	下部衰老叶片	中部叶片	中部叶片	中上部	果穗以下叶片
菌源	病残体	病残体、种子	病残体	病残体、种子	病残体	病残体、种子	土壤中或病残体
传播方法	风雨传播	风雨、种子	风雨传播	风雨、种子	风雨传播	风雨传播	风雨传播
化学防治	多菌灵、异菌脲、苯醚甲环唑、丙环唑	甲基硫菌灵、多菌灵、异菌脲、戊唑醇、丙环唑	百菌清、多菌灵、异菌脲、苯菌灵	防治方法同大斑病	甲基硫菌灵、多菌灵、苯醚甲环唑、丙环唑	防治方法同弯孢霉叶斑病	防治方法同大斑病

56. 如何防治玉米丝黑穗病？

该病与玉米瘤黑粉病常被农户称为乌米、人头，病原菌为担子菌亚门玉米丝轴黑粉菌，是幼苗侵染的系统性病害，主要侵害玉米雌穗和雄穗。典型症状一般在出穗后显现，但有些品种在5叶期前表现为病株矮小弯曲，叶色暗绿，叶片簇生、叶片出现黄白色纵向条纹；有的品种分蘖异常增多，果穗增加，每个叶腋都长出黑穗。苗期症状多变而不稳定，因品种、病菌、环境条件不同而发生变化。雄穗染病后全部或部分小花变为黑粉苞或畸形生长。雌穗染病较健穗短，下部膨大顶部较尖，整个果穗变成一团黑褐色粉末和很多散

图209　玉米丝黑穗病侵染果穗

乱的黑色丝状物，为玉米维管束组织（图209）。有的果穗小，花过度生长呈肉质根状，似刺猬头。

病原菌以冬孢子在土壤、粪肥、病残体或种子上越冬，成为翌年初侵染源。病田土壤和混有病残体的粪肥是主要侵染来源。冬孢子在土壤中存活2～3年。玉米播后发芽时，越冬的孢子也开始发芽，从玉米种子萌发至7叶期都可侵入，到9叶期不再侵入，侵染高峰在玉米三叶前。土温16～25℃，土壤含水量12%～29%最适宜病菌侵染为害。玉米播后发芽时，病菌从芽鞘、胚轴或幼根侵入，侵入后菌丝系统扩展，进入生长锥，随玉米植株生长发育，进入果穗和雄穗，形成大量黑粉，成为丝黑穗，产生大量冬孢子越冬。玉米连作时间长及播种早的玉米发病较重；高寒冷凉地块易发病；坡地、山地或较干旱的田块发病重。水浇地发病相对较轻，夏玉米比春玉米发病轻。

防治方法：

①种植抗病品种。栽培抗病玉米杂交种是防治玉米丝黑穗病的根本措施，冀东各地的主要抗病品种有农大108、联创808、致泰1、和玉1、良玉3、沈单16、沈玉29、沈87、万孚1、葫新338、沈玉21、迪卡516、连禾16、宽诚15、丹玉405、强盛30、连科8等品种。

②采取措施减少菌源。发病严重地块，实行2～3年轮作倒茬。间苗定苗时选留大苗壮苗，结合除草拔除病苗、畸形苗；发病田块要及时拔除病株，玉米抽穗后，在冬孢子成熟散落前及时割除病株，带出田外深埋销毁。不用带病秸秆饲喂牲畜或积肥，提倡高温堆肥，施用净肥。

③药剂拌种。可用25%三唑酮可湿性粉剂以种子重量的0.2%进行拌种；或2%戊唑醇可湿性粉剂以种子重量的0.2%进行拌种；或2.5%咯菌腈悬乳种衣剂1∶500进行拌种；或12.5%烯唑醇可湿性粉剂60～80克拌种子100千克；或15%三唑醇可湿性粉剂1∶20进行

拌种，都可以有效预防玉米丝黑穗病的侵染。

57. 如何防治玉米瘤黑粉病？

病原菌为担子菌亚门玉蜀黍黑粉菌。玉米瘤黑粉病常为害玉米气生根、茎、叶、叶鞘、腋芽、雄穗和果穗等部位幼嫩组织，均可产生大小形状不同的病瘤。植株地上幼嫩组织和器官均可发病，病部的典型特征是产生肿瘤。病瘤近球形、椭球形、角形或不规则形，有的单生、串生或叠生（图210～图217）。病瘤初呈银白色或浅绿色，有光泽，内部白色，肉质多汁，并迅速膨大，后逐渐变灰黑色，有时略带紫红色，内部则变灰至黑色，失水后当外膜破裂时，散出大量黑粉，即病菌的冬孢子（图218）。叶片上肿瘤多分布在叶片基部的中脉两侧，及相连的叶鞘上，病瘤常为黄、红、紫、灰杂色疮痂病斑，成串密生或呈粗糙的皱褶状，瘤小且多，成泡状。茎上病瘤常常由各节基部生出，大部分为腋芽受侵染引起。雄穗抽出后，部分小穗感染长出长囊状或角状的小瘤，多几个聚集成堆，有的在雄穗轴上，病瘤常生于一侧，似长蛇状。果穗受害多在上半部或个别籽粒生长病瘤，病瘤一般比较大，或多病瘤聚集一起成花状，常

图210　瘤黑粉侵染气生根　　图211　瘤黑粉侵染茎秆

图212 瘤黑粉侵染叶鞘

图213 瘤黑粉侵染叶片

图214 瘤黑粉侵染雄穗

图215 雄穗长成蛇状肿瘤

图216 瘤黑粉侵染雌穗

图217 瘤黑粉侵染茎秆

突破苞叶外露。

玉米瘤黑粉病是一种局部侵染的病害，病原菌可以在玉米生育期的各个阶段，侵染植株所有地上部的幼嫩组织。病原菌主要以冬孢子在土壤中、病残体、未腐熟的粪肥或种子上越冬，成为第二年的侵染菌源。越冬后的冬孢子，主要从玉米幼嫩组织和伤口侵入，例如掐除拧心的夏玉米，该病极容易发生。瘤黑粉病菌可随气流和雨水分散传播，也能被昆虫携带进行传播。

玉米瘤黑粉病菌成熟后遇到适宜的温、湿度条件就能萌

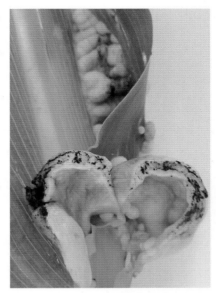

图218　黑粉初步形成

发。病菌萌发的适温为26～35℃，在水滴中或在98%～100%的相对湿度下都可以萌发。该病在玉米抽雄开花期发病重，晚春播、夏玉米发病重；遇微雨、多雾、多露天气发病重；生长前期干旱，后期多雨高湿，或干湿交替，有利于发病；玉米螟、高粱条螟等钻蛀性害虫既可以传带病原菌，又造成伤口，因而虫害严重的田块发病重；遭受暴风雨或冰雹袭击后，植株伤口增多的地块发病重；病田连作，密植地块，偏施氮肥的田块，通风透光不良，玉米组织柔嫩，发病重。

防治方法：采取以种植抗病品种和减少菌源的农业防治为主，以药剂拌种、治虫防病的化学防治为辅的综合措施。有些农药厂家为了推销农药，宣传有些种衣剂可以预防瘤黑粉病，实践证明种衣剂的防治效果并不明显，只能杀死种子表面病菌。

①种植抗病品种。当前生产上较抗病的杂交种有农大108、沈单16号、郑单958、鲁单818、豫玉23、先玉335、中地77、沈玉29、浚单20、海禾1号、致泰1、华春1、榆玉4、华农118、迪卡516、强盛30、登海605等。较感病品种有沈玉17、沈玉18、中科2、伟

科702、浚单20、铁新泉2号、连玉16、金城508等。

②农业防治。重病田实行2年以上轮作倒茬。玉米收获后及时清除田间病残体，带出田外深埋；秋季深翻，将病原菌深埋。施用充分腐熟的有机肥。适期播种，合理密植。加强肥水管理，均衡施肥，避免偏施氮肥，防止植株贪青徒长；平衡施肥，增施钾肥，补施锌、硼等微肥。抽雄前后适时灌溉，防止干旱。加强玉米螟等钻蛀性害虫的防治，减少伤口；在肿瘤未成熟破裂前，尽早摘除病瘤并深埋销毁。

③药剂防治。对带菌种子，可用杀菌剂进行拌种处理。可用15%三唑酮可湿性粉剂60～90克拌种100千克；或用2%戊唑醇湿拌种剂10克，兑少量水成糊状，拌玉米种子3～3.5千克；或3%苯醚甲环唑悬浮种衣剂6～9毫升拌种100千克。也可以在玉米抽雄前用咪鲜胺、烯唑醇、丙环唑、三唑酮、氟菌唑、苯醚甲环唑等药剂喷雾，可有效预防瘤黑粉病的发生。

58. 如何防治玉米穗腐病？

玉米穗腐病在各玉米产区都有发生，减产较严重。由多种病原菌单独或复合浸染引起的果穗或籽粒霉烂的病害。主要表现为整个或部分果穗或个别籽粒腐烂受害，被害果穗部位发生变色，并出现红色、蓝绿色、白色、粉红色、黑灰色或暗褐色、黄褐色等颜色霉层（图219～图224），这些霉层是病原菌的菌体、分生孢子梗和分生孢子。病粒无光泽，不饱满，质脆，内部空虚，常为交织的菌丝所充塞。有些品种穗腐病的发生常伴随穗萌现象发生，玉米籽粒发芽。果穗病部苞叶有云纹状水渍病斑，病斑上有各种颜色霉层，苞叶常被密集的菌丝贯穿，黏结在一起贴于果穗上不易剥离。严重时穗轴或整穗腐烂，霉层贯穿覆盖。

发病规律：病菌在种子、病残体上越冬，为初侵染病源。病菌主要从伤口侵入，分生孢子借风雨传播。温度在15～28℃，相对湿度在75%以上，有利于病菌的浸染和流行。玉米吐丝期至成熟期高温多雨以及玉米虫害发生偏重的年份，穗腐和粒腐病也较重发生。

图219　绿霉引起穗腐病

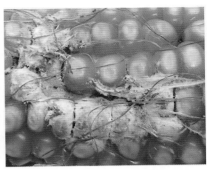

图220　白霉引起穗腐病

图221　红霉引起穗腐病

图222　青霉引起穗腐病

图223　黑霉引起的穗腐病

图224　玉米穗尖腐烂处
着生黑色霉层

平地、洼地、沙土地、黏土地发病重，山地、坡岗地、壤土地发病轻；果穗苞叶长，果穗苞叶紧，玉米穗顶端不外露品种发病较轻；硬粒型玉米较粉质型玉米发病较轻。

防治方法：

①种植抗病品种。不同玉米品种对穗腐病的抗病性差异较大，目前生产上联创808、陕科6、榆玉4、迪卡516、沈玉29、沈玉21、沈单16、巡天1102、中地77、金山27、农华101、豫禾868、登海605等品种发病较轻。

②农业防治措施。秋季深翻整地，减少病菌来源。适当调整播期，使玉米花粒期尽量避开雨季。实行轮作套种，降低高温高湿的田间小气候的影响。在玉米生长中后期及时查找病株并带出田外清除销毁。合理密植，配方施肥，促进早熟。注意喜鹊、玉米螟、大螟、桃蛀螟等虫鸟的防治，尽量减少果穗上的伤口。玉米生长后期降雨较多，可采取人工剥苞叶晒籽粒，但注意不要扭断穗柄，影响灌浆。玉米成熟后及时采收，充分晒干后入仓贮存。

③药剂防治。一是播前可用50%多菌灵可湿性粉剂，按种子重量0.2%～0.3%的用药量拌种，或用70%甲基硫菌灵可湿性粉剂500倍液浸种，或2.5%咯菌腈种衣剂拌种也有效。二是抽穗期发病初喷洒80%多菌灵可湿性粉剂600倍液，或70%甲基硫菌灵可湿性粉剂1 000倍液，或25%苯菌灵乳油800倍液，重点喷果穗和下部茎叶，每隔7～10天喷1次，防治1～2次。

59. 如何防治玉米矮化病?

该病是由矮化线虫引起的，在玉米3叶1心时即可表现症状，该病典型症状为叶片上有沿叶脉方向黄色褪绿或白色失绿纵向条纹（图225，图226）；剥开植株基部2～3片叶的叶鞘，大部分植株基部组织可见明显的纵向或横向黑褐色坏死开裂，开裂部位坏死组织似"虫道"状，剖秆后观察开裂部撕裂组织呈明显的对合状，仔细检查在坏死组织及周围没有害虫为害痕迹（图227～图229）；有的植株矮缩，节间变短密集，下部茎节粗大，顶部叶片撕裂丛生；有的植

图225　玉米矮化病病株

图226　玉米叶片呈黄绿相间条纹

图227　发病初期，茎秆上有新鲜的条带状伤口

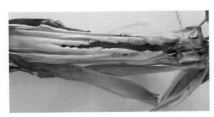

图228　发病中后期伤口似"虫道"

图229　病茎纵剖面

株顶端叶片呈撕裂状，顶端边缘生长受到严重抑制，叶片发育不全，呈钝圆状；少数玉米苗新叶顶端发生腐烂；根系不发达，新生气生根扭曲变形（图230～图235）。

防治方法：主要以种植抗病品种如先玉335、三北21、郑单958等品种为主，避免种植和玉1、登海605等感病品种；其次用2%丙硫克百威、或6%丁硫克百威种衣剂进行拌种，可有效预防玉米矮化病的发生。发病初期用2%阿维菌素乳油1 000倍液，或48%毒死蜱乳油1 000倍液灌根，可以减轻该病的发生程度。

图230 发病初期茎基部有缝状坏死

图231 伤口类似虫蛀

图232 新叶叶片卷曲

图233 叶片丛生

图234 叶片缺失呈钝圆状

图235 新叶叶片边缘成锯齿状

60. 蓟马为害玉米的症状表现有哪些？如何防治？

为害玉米的是玉米黄呆蓟马，雌成虫分长翅型、半长翅型和短翅型。体小，体长约1～1.2毫米，暗黄色，胸部有暗灰斑。前翅灰黄色，长而窄，翅脉少但显著，翅缘毛长。半长翅型翅长仅达腹部

第五节，短翅型翅略呈长三角形的芽状。卵肾形，乳白至乳黄色；若虫体色乳青或乳黄；蛹淡黄色，蛹块羽化时呈褐色。以锉吸式口器吸食玉米叶片汁液，形成白点或白色条纹。

蓟马为害症状：心叶扭曲，叶破损皱缩，叶正面有透明的薄膜状物，一些心叶内有黏液，还有个别的心叶已经断掉。有些玉米叶片有银白色斑点，甚至形成白条斑、花叶苗，易以缺锌症、遗传性条斑混淆，或者叶片畸形、破裂，不能展开，扭成"牛尾巴"状，分蘖丛生，形成多头株；或心叶卷曲时间过长而腐烂，或引起茎扭曲畸形（图236～图243）。在春季，黄呆蓟马先在小麦、杂草上繁殖为害，其后一部分逐渐向春玉米上转移。河北丰润北部山区虫源主要来自杂草、树林；南部地区由于小麦面积较大，是春玉米和夏玉米的主要虫源来源。一般在5月底至6月初，在小麦、春玉米上有一个若虫高峰，6月中在小麦、春玉米、中茬玉米上又有一个成虫高峰，6月下旬还有一个若虫高峰，7月上旬在春玉米、中茬玉米和夏玉米上又出现一个成虫高峰。因此，这几次高峰的出现，在防治上要根据虫情及时采取措施。玉米秸秆糖度高、叶色淡绿品种发病重；距离路边、树林、河边、山坡杂草近的地块发病重；杂草多的地块发病重。

防治措施：

①种植抗虫品种。所有玉米品种都能被玉米蓟马为害，但有轻有重，致泰1、三北21、先玉335、浚单20等品种为害相对较轻，沈玉21、和玉1、嘉丰10、郑单14、隆迪401为害较重。

图236　玉米幼苗时"牛尾巴苗"

图237　玉米大喇叭口期"牛尾巴苗"

图238　玉米幼苗形成"多头苗"

图239　玉米叶片形成白色透明的薄膜状

图240　蓟马为害形成的"花叶苗"

图241　蓟马为害时间过长，心叶已腐烂

图242　蓟马为害形成的畸形茎

图243　蓟马为害田间表现症状

②拌种。可用70%吡虫啉种衣剂拌种，具体方法为10克70%吡虫啉种衣剂兑水200克，拌玉米种子2.5千克。也可以使用70%噻虫嗪种衣剂进行拌种可有效控制蓟马为害。

③清除田间地头杂草，减少蓟马寄主，降低虫源。

④根据蓟马为害规律，在蓟马发生前喷洒10%吡虫啉可湿性粉剂1 500倍液，或40%乐果乳油1 000倍液进行预防；也可在蓟马发生时喷洒上述药剂，并加入芸薹素内酯等调节剂促进植株生长。如发生牛尾巴苗，可掐除拧心部分，注意不要伤及生长点，发生多头苗可掰除多余分蘖，并及时喷洒药剂防治。如心叶腐烂或严重畸形苗可拔除或毁种。

61. 如何防治大青叶蝉？

大青叶蝉属同翅目叶蝉科，体长约7～11毫米，雄虫比雌虫略小，青绿色。前翅革质，绿色微带青蓝，端部色淡近半透明；前翅反面、后翅和腹背均黑色，腹部两侧和腹面橙黄色。卵长圆形，微弯曲，一端较尖，长约1.6毫米，乳白至黄白色。若虫与成虫相似，共5龄，初龄灰白色；2龄淡灰微带黄绿色；3龄灰黄绿色；4、5龄同3龄，老熟时体长6～8毫米。在各地广泛分布，最多可年生5代。

大青叶蝉成虫或若虫在玉米茎或叶上吸食为害，一般从下部叶片逐渐向上部叶片蔓延，叶片受害后出现针状白斑，严重时玉米的叶片发黄卷曲，甚至枯死（图244）。

图244　大青叶蝉为害成密集白色斑点

防治方法：①及时清除田间地头杂草，消灭大青叶蝉中间寄主，减少越冬虫源数量。②可用10%吡虫啉可湿性粉剂1 000倍液、或20%噻嗪酮可湿性粉剂1 000倍液、或2.5%功夫菊酯乳油2 000倍液喷雾防治。

62. 如何防治赤须盲蝽？

赤须盲蝽又称赤须蝽，为半翅目盲蝽科昆虫，有成虫、若虫和卵三种虫态，成虫、若虫均为为害虫态。触角四节，等于或短于体长，红色，故称赤须盲蝽。赤须盲蝽成虫身体细长，长5～6毫米，鲜绿色或浅绿色。头部略成三角形，顶端向前方突出，头顶中央有一纵沟。前翅略长于腹部末端，革区绿色，膜区白色，半透明。后翅白色透明。足黄绿色，胫节末端和跗节淡红色，跗节3节，爪黑色。卵粒口袋状，若虫5龄，末龄幼虫体长约5毫米，黄绿色，触角红色。

北方地区一年发生3代，以卵越冬，寄主杂，为害多种禾本科杂草及农作物。翌年第一代若虫于5月上旬进入孵化盛期，该虫成虫产卵期较长，有世代重叠现象。每次产卵一般5～10粒。初孵若虫在卵壳附近停留片刻后，便开始活动取食。成虫白天活跃，傍晚和清晨不经常活动，阴雨天隐蔽在植物中下部叶片背面。羽化后7～10天开始交配。

图245　赤须盲蝽为害叶片状

赤须盲蝽成虫、若虫在玉米叶片上刺吸汁液，进入穗期还为害玉米雄穗和花丝。被害叶片初呈淡黄色小点，后为白色小斑点，严重时这些小斑点相连，呈白色短线布满叶片，叶片呈现失水状，且从顶端逐渐向内纵卷（图245）。

防治方法：可用2.5%高效氯氟氰菊酯乳油1 500倍液，或20%啶虫脒乳油2 000倍液，或10%吡虫啉可湿性粉剂1 000倍液喷雾防治。

63. 如何防治玉米螟?

玉米螟，又叫玉米钻心虫，属鳞翅目螟蛾科。成虫褐色，雄蛾体长10～13毫米，翅展20～30毫米，体背黄褐色，腹末较瘦尖，触角丝状，灰褐色，前翅黄褐色，有两条褐色波状横纹，两纹之间有两条黄褐色短纹，后翅灰褐色；雌蛾形态与雄蛾相似，色较浅，前翅鲜黄，后翅淡黄褐色，腹部较肥胖。老熟幼虫，体长25毫米左右，圆筒形，头黑褐色，背部颜色有浅褐、深褐、灰黄等多种，中、后胸背面各有毛瘤4个，腹部1～8节背面有两排毛瘤，前后各两个。

　　主要症状：玉米心叶期钻食心叶，当心叶展开时形成排孔。抽穗后蛀入茎秆或穗茎内，在穗期还可咬食玉米花丝、嫩粒或蛀入穗轴中。被害的茎秆组织遭受破坏，影响养分的输送，使玉米穗部发育不全而减产，茎秆被蛀后易被风折断损失更大（图246～图249）。

图246　玉米螟为害叶片

图247　玉米螟蛀食果穗

图248　蛀食果穗形成的虫粪

图249　玉米螟为害茎秆

防治措施：①农业防治。玉米螟以老熟幼虫在玉米秸秆或玉米根茬里越冬，采用秸秆粉碎还田等方法处理玉米秸秆，消灭越冬虫源。②化学防治。在玉米小喇叭口期，至抽雄前心叶末期（大喇叭口期）以颗粒剂防治效果最佳。可用3%辛硫磷颗粒剂，或3%毒死蜱颗粒剂，或3%丁硫克百威等颗粒剂，每株2克进行撒施丢心。

64. 如何防治棉铃虫?

棉铃虫为鳞翅目夜蛾科害虫，有成虫、卵、幼虫、蛹四种虫态。幼虫共6龄，体色变化较大，有淡红、黄白、黄褐、淡绿、墨绿、黄绿等颜色（图250 ～ 图252），老熟幼虫40 ～ 45毫米，头淡黄色，白色网纹明显，背线清晰，一般为深色纵线，气门白色。腹部5 ～ 7节的背面和腹面有7 ～ 8排半圆形黑点。

图250　棉铃虫墨绿　　　图251　棉铃虫黄绿色幼虫　　　图252　棉铃虫青
　　　　色幼虫　　　　　　　　　　　　　　　　　　　　　　　　绿色幼虫

幼虫主要为害嫩叶、幼嫩的花丝和雄穗，3龄后钻蛀危害，多钻入玉米苞叶内咬食果穗，可诱发穗腐病发生，五六龄进入暴食期。幼虫取食叶片成孔洞或缺刻状，有时咬断心叶，造成枯心苗。叶片上虫孔与玉米螟危害相似为排孔，但孔粗大，形状不规则，边缘不整齐，常见粒状粪便（图253 ～ 图255）。

棉铃虫在华北地区发生3 ～ 4代，以滞育蛹在土中越冬。6月下旬至7月为害玉米心叶，8月下旬到9月上旬为害玉米果穗。卵多产于幼嫩的花丝上和刚抽出的雄花序上。成虫白天隐藏在叶背等处，

图253　棉铃虫为害叶片　　图254　叶片上的　　图255　棉铃虫为害雌穗
　　　　　　　　　　　　　　　　虫粪　　　　　　　顶部

黄昏开始活动，有趋光性。幼虫有转株危害的习性，转移时间多在夜间和清晨，这时施药易接触到虫体，防治效果最好。另外，土壤浸水能造成蛹大量死亡。棉铃虫发生的最适宜温度为25～28℃，相对湿度70%～90%，水肥条件好、长势旺盛的棉田、玉米田易发生棉铃虫危害。

防治方法：主要以化学药剂防治为主，最佳用药时期在棉铃虫三龄前。可用20%氯虫苯甲酰胺悬浮剂3 000倍液，或15%茚虫威悬浮剂4 000倍液，或44%丙溴磷乳油1 500倍液，或5%氟铃脲乳油2 000倍液，或2.5%高效氯氟氰菊酯乳油1 500倍液喷雾防治。

对发生较轻的田块可结合防治玉米螟向玉米心叶内撒施颗粒剂进行防治，可用3%辛硫磷颗粒剂，每株2～3克，或14%毒死蜱颗粒剂每株2克，或3%丁硫克百威颗粒剂每株2克。

65. 如何防治褐足角胸叶甲？

褐足角胸叶甲为鞘翅目叶甲科害虫，主要为害多种果树植物叶片，也为害大豆、谷子、玉米、高粱等农作物，取食玉米等植物叶片的叶肉，被害部位呈现不规则白色网状斑和透明空洞，为害心叶严重时，心叶卷缩在一起形成牛尾巴状，不容易展开（图256）。

形态特征：成虫卵形或近方形，体长3～5.5毫米。体色变异较

大，多为铜绿色或蓝绿色，也有棕黄色。前胸背板呈六角形，两侧中间突出为尖角。

防治方法：当田间褐足角胸叶甲成虫数量较大时，应及时喷施杀虫剂，如2.5%功夫菊酯乳油2 000倍液；或1.8%阿维菌素乳油2 000倍液，或4.5%高效氯氰菊酯乳油1 500倍液喷雾。

66. 如何防治白星花金龟?

白星花金龟子成虫体长17 ~ 24毫米，宽9 ~ 12毫米。椭圆形，具有古铜或青铜色光泽。体表散布众多不规则白绒斑，白绒斑多为横向波浪状。

为害特点：白星花金龟子以成虫群集在

图256 褐足角胸叶甲

玉米雌穗上，从穗轴顶花丝处开始，逐渐钻进苞叶内，取食正在灌浆的籽粒，尤其是苞叶短小的品种，甜嫩多汁的籽粒暴露于外，为害更重。并且白星花金龟子还排出白色粥状粪便，严重影响鲜食特色玉米的质量和品质（图257 ~ 图259）。

图257 白星花金龟子为害玉米雌穗状

图258 白星花金龟子取食玉米嫩粒

发生规律：一年发生1代，成虫于5月上旬开始出现，6～7月为发生盛期，此时正值地膜鲜食特色玉米采摘期。此外，白星花金龟子飞翔力强，有假死性，对酒醋味有趋性，有群集性，产卵于土中。

防治方法：

①农业防治。选用苞叶长且包裹紧密的品种，如陕科6、农大108、中地77、强硕68等品种。

②人工捉虫。用塑料袋套住被害的玉米穗，人工捕杀，可消灭正在穗上取食的成虫。

图259　被白星花金龟为害的大量果穗

③诱杀成虫。在5月25日左右，把细口的空酒瓶挂在玉米、玉米田附近的树上，挂瓶高度为1～1.5米，瓶内放入2～3个白星花金龟子，田间的成虫可被诱到瓶内，然后进行捕杀，每亩挂瓶40～50个，捕虫效果不错。

④用糖醋液杀虫。利用白星花金龟子对酒精醋味有趋性的特性，配制糖醋液进行诱杀。用糖、醋、酒、水和90%敌百虫晶体按3：3：1：10：0.1的比例在盆内拌匀，放在玉米田边，架起与雌穗位置相同高度，可诱杀成虫。

⑤药剂防治。在玉米灌浆初期，可用50%辛硫磷乳油100倍液，在玉米穗顶部滴药液，可防治白星花金龟子成虫的为害，还可兼治玉米螟等其他蛀穗害虫。

67. 如何防治美国白蛾？

美国白蛾为鳞翅目灯蛾科白蛾属害虫。白色中型蛾子，体长12～15毫米。雌虫触角锯齿状，前翅纯白色，雄虫触角双栉齿状，前翅上有几个褐色斑点。复眼黑褐色，口器短而纤细；胸部背面密布白色绒毛，多数个体腹部白色，无斑点，少数个体腹部黄色，上有黑点。卵圆球形，浅黄绿色，孵化前变灰绿色或灰褐色，直径约0.5毫米，卵单层排列成块，覆盖白色鳞毛。老熟幼虫体长28～35毫米，头黑，具光泽。体黄绿色至灰黑色，背线、气门上线、气门下线浅黄色。背部毛瘤黑色，体侧毛瘤多为橙黄色，毛瘤上着生白色长毛丛。腹足外侧黑色。气门白色，椭圆形，具黑边。根据幼虫的形态，可分为黑头型和红头型两类，其在低龄时就可以明显分辨（图260）。

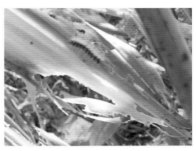
图260　美国白蛾幼虫

为害特点：1～2龄幼虫取食叶肉，叶片成纱网状，3龄后，幼虫将叶片咬成缺刻，5龄后分散取食，进入暴食期，严重时玉米叶片只剩叶脉，主要以靠近路边、河堤等树木较多的田块为害严重（图261）。

图261　美国白蛾为害，玉米叶片只剩中脉

美国白蛾一般一年发生2～3代，以蛹在土石块、树皮缝等处越冬。每年的4月下旬至5月下旬越冬代成虫羽化产卵，幼虫5月上旬开始为害，一直延续至6月下旬。7月上旬至下旬，当年第一代成虫出现。第二代幼虫7月中旬开始发生，8月为其为害盛期，8月中

旬第二代成虫羽化产卵。第三代幼虫化蛹越冬。

防治措施：

（1）人工物理防治措施。①捕捉成虫。②人工剪除网幕。③围草诱蛹。具体操作方法：发现有美国白蛾为害的树木，在老熟幼虫开始下树时期，在树干离地面 1 ~ 1.5 米处，用谷草、稻草、麦秸、杂草等在树干上绑缚一周，诱集下树老熟幼虫在其中化蛹，然后于蛹羽化前解下草把烧毁。④灯光诱杀。⑤摘卵块。⑥挖蛹。

（2）化学防治。在幼虫3龄以前，可用25%灭幼脲3号胶悬剂1 000倍液，或20%除虫脲悬浮剂4 000 ~ 5 000倍液，或植物性杀虫剂烟参碱500倍液进行喷雾防治；对各龄幼虫也可使用4.5%高效氯氰菊酯乳油1 500倍液、或80%敌敌畏乳油1 000倍液、或2.5%功夫菊酯乳油1 500倍液、或1.8%阿维菌素2 000倍液对发生树木及其周围50米范围内所有植物、地面进行立体式周到、细致喷洒药剂防治。

68. 蚜虫为害玉米症状及防治措施有哪些？

蚜虫属同翅目，蚜科，俗名腻虫。有翅孤雌蚜体长1.6 ~ 1.8毫米，头胸部黑色，腹部深绿色或黄红色，触角6节，长度约为体长1/2。无翅孤雌蚜体长卵形，长1.8 ~ 2.2毫米，体深绿色，披薄白粉，附肢黑色，复眼红褐色。腹部两侧有黑色腹斑，触角6节，长短于体长1/3。卵椭圆形。其他特征与无翅型相似。成、若蚜刺吸玉米组织汁液，导致叶片变黄或发红，生长发育受到抑制，严重时玉米植株枯死。玉米蚜多群集在玉米植株上部心叶、雄穗花枝、雌穗花丝等部位，刺吸玉米的汁液，同时分泌蜜露，产生黑色霉状物，常使叶面生霉变黑，影响光合作用，降低粒重，被害严重的植株的果穗瘦小，籽粒不饱满，秃尖较长。另外，蚜虫还可以传播玉米矮花叶病毒和红叶病毒，引起病毒病造成更大的减产。玉米蚜虫寄主主要有玉米、高粱、小麦、狗尾草等（图262 ~ 图265）。

发生规律：一年发生10 ~ 20余代，一般以成虫在小麦苗及禾本科杂草的心叶里越冬。4月底至5月初向春玉米、高粱迁移。玉米抽雄前，一直群集于心叶里繁殖为害，抽雄后扩散至雄穗、雌穗上繁殖

图262　为害玉米雌穗

图263　为害玉米雄穗

图264　为害玉米茎叶

图265　蚜虫为害玉米宽诚12

为害。杂草较重发生的田块，玉米蚜也偏重发生。

　　防治方法：①及时清除田间地头杂草，消灭玉米蚜的滋生地。②拌种。可以用70%噻虫嗪种衣剂，或70%吡虫啉种衣剂进行拌种，对苗期蚜虫、蓟马、灰飞虱等刺吸式口器害虫防治效果较好。③喷雾防治。可用25%吡蚜酮可湿性粉剂3 000倍液，或25%噻虫嗪水分散粒剂6 000倍液，或10%吡虫啉可湿性粉剂1 500倍液，或20%啶虫脒可湿性粉剂2 000倍液均匀喷雾。

69. 蜗牛为害玉米症状及防治措施有哪些？

图266 蜗牛为害症状

蜗牛是腹足纲柄眼目巴蜗牛科。蜗牛主要为害玉米叶片，还可为害苞叶、花丝、籽粒等。初孵化幼螺只取食叶肉，留下透明表皮（图266）。稍大个体用齿舌舔食玉米叶片，造成叶片缺刻、孔洞，呈条带状缺失，可造成叶片撕裂，严重时仅剩叶脉。同时为害花丝，严重时吃光全部花丝，使玉米不能授粉结实，还可为害细嫩籽粒，造成雌穗秃尖。

蜗牛白天潜伏，傍晚或清晨取食，阴雨天气栖息在玉米叶片和花丝上（图267）。初孵幼螺多群集在一起取食，长大后分散为害，喜栖息在植株茂密低洼潮湿处，所以田间密度大为害重；温暖多雨天气、田间潮湿地块及靠近水沟的田块受害较严重。遇有高温干燥条件，蜗牛常把壳口封住，潜伏在潮湿的土缝中或作物秸秆堆下面越冬或越夏，待条件适宜时，于傍晚或早晨外出取食。

防治措施：①人工捕杀。在清晨或阴雨天气蜗牛在植株上时，人工捕捉，集中杀灭。②毒饵诱杀。用多聚乙醛300克、蔗糖50克、5%砷酸钙300克、炒香的豆饼或麦麸400克混合一起搅拌均匀，加适量水配制毒饵，在傍晚时，顺垄撒施。③农业防治。合理密植，注意排涝，铲除田间落叶杂草、有条件的要适时中耕排湿。④化学防治。用6%

图267 蛰伏在玉米叶上的蜗牛

四聚乙醛颗粒剂1.5 ~ 2千克，碾碎后拌细土5 ~ 7千克，于傍晚撒施玉米根部附近的行间。也可用喷雾型四氯乙醛25克兑水15千克于傍晚均匀喷在蜗牛附着位置，注意叶片正反面都要喷洒。

70. 红蜘蛛为害玉米症状及防治措施有哪些?

红蜘蛛学名玉米叶螨，为蛛形纲真螨目叶螨科害虫，为害玉米的主要有截形叶螨、二斑叶螨和朱砂叶螨3种。一般体长0.2 ~ 0.6毫米，椭圆形多为深红色至紫红色，还有黄绿或褐绿色的。

红蜘蛛一年发生多代，以成螨、若螨聚集叶背取食为害，刺吸玉米叶片组织汁液。红蜘蛛先为害下部叶片，逐渐向上部叶片转移。被害处先呈现失绿沙粒状斑点，以后逐渐退绿变黄，严重发生时，叶片完全变黄白或红褐色干枯，俗称"火烧叶"（图268 ~ 图270）。

图268　红蜘蛛为害症状呈沙粒状　　　　图269　红蜘蛛田间为害症状

图270　不同玉米品种受红蜘蛛为害程度不同

后期为害导致子粒秕瘦，粒重下降，造成减产。

红蜘蛛以雌成螨在杂草根际、枯枝落叶和土缝中越冬，翌春气温达10℃以上时，越冬成螨开始大量繁殖，6月上中旬开始迁入玉米上为害，7～8月为猖獗为害期，通过吐丝垂飘在株间水平扩散。红蜘蛛喜高温低湿的环境条件，干旱少雨发生较重，降雨可抑制其繁衍为害。

防治方法：①农业防治。及时清除田间、地头的杂草，减少虫源；遇旱灌水，增加田间湿度。②化学防治。由于玉米植株较高，喷洒农药不方便，所以选用药剂应长效与速效相结合，根据红蜘蛛发生规律应重点喷洒下部叶片，可选用：24%螺螨酯4 000倍液+15%哒螨灵乳油2 000倍液，或24%螺螨酯4 000倍液+2.0%阿维菌素乳油3 000倍液，或25%三唑锡可湿性粉剂1 000倍液+50%四螨嗪悬浮剂4 000倍液，或20%甲氰菊酯乳油1 000倍液+50%四螨嗪悬浮剂4 000倍液等药剂喷雾均可达到理想的防治效果。

71. 小地老虎为害玉米症状及防治措施有哪些？

地老虎又叫地蚕、土蚕，为鳞翅目夜蛾科害虫。种类很多，主要有小地老虎、大地老虎和黄地老虎，但以小地老虎为害玉米最为普遍而严重。

小地老虎成虫体长17～23毫米，翅展40～45毫米，前翅内、外横线，环形纹、肾形纹明显，在肾形纹外侧有3个长三角形黑斑。前翅黑褐色，后翅灰白色，腹部灰黄色。卵半圆形，初产时乳白色，后变为黄褐色。幼虫老熟时体暗褐色，表皮粗糙，头黄褐色，体表密布黑色点状突起，腹部1～8节背面有4个毛瘤（图271）。蛹体长18～34毫米，纺锤形，红褐色，腹末端色

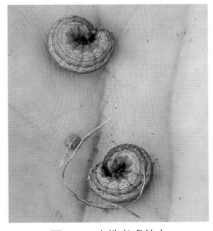

图271　小地老虎幼虫

深，有一对分叉的臀刺。

一年发生3～4代，以第一代幼虫为害最重。刚孵化幼虫先在作物心叶处取食，将心叶咬成针孔状或缺刻状，3龄后扩散，白天潜伏在作物根部附近的土缝或土下洞穴中，晚间出来活动，咬食幼茎基部，或蛀入嫩茎中取食为害，5～6龄进入暴食阶段。有转株为害特点，常常造成缺苗断垄。高温不利于发生，阴凉潮湿、杂草多的沙壤土、壤土、黏壤土发生较重；河边、沟渠附近地块发病重，沙质土地块为害较轻（图272，图273）。

图272　玉米根部小地老虎为害状

图273　被害玉米心叶边缘黄化

防治方法：①农业防治。及时清除田间地头杂草，减少小地老虎的中间寄主。②诱杀成虫和幼虫。可以使用性诱剂、黑光灯和糖醋液在成虫始发期诱杀成虫。糖醋液（按重量计）用红糖3份，米醋4份，白酒1份，水2份，加少量（约1%）敌百虫配置，放在敞口容器小盆或大碗内，天黑前放入田间，第二天早晨收回。诱杀幼虫可用90%敌百虫0.5千克，与切碎的蔬菜等青料50千克拌匀，或用米糠、豆饼等炒香后，每20千克用50%辛硫磷乳油0.5千克加水1～1.5千克形成药液，制成毒饵撒入田间。③化学防治。可用2.5%功夫菊酯1 000～1 500倍液、或48%毒死蜱乳油1 000倍液，或50%辛硫磷乳油1 000倍液，或2.5%高效氟氯氰菊酯乳油1 000～1 500倍液于天黑前进行化学喷雾防治，喷施于根茎部地表效果好。

72. 双齿绿刺蛾为害玉米症状及防治措施有哪些?

双齿绿刺蛾为鳞翅目刺蛾科绿刺蛾属的一种昆虫,与其他刺蛾被俗称为洋辣子。各地均有分布,双齿绿刺蛾低龄幼虫多群集叶背取食下表皮和叶肉,3龄后分散食叶成缺刻或孔洞,严重时常将叶片吃光。

成虫体长9～11毫米,翅展21～28毫米,前翅绿色,基斑和外缘带暗灰褐色,为波状条纹,呈三度曲折。卵椭圆形扁平、光滑。初产乳白色,近孵化时淡黄色,数十粒排成鱼鳞状。幼虫老熟时体长17毫米左右,头顶有两个黑点,体黄绿,背线天蓝色,胸腹部各节亚背线及气门上线均着生瘤状支刺,各体节有4个枝刺,前三对支刺上有黑色刺毛,腹部末端有4个黑色刺球。蛹椭圆形肥大,初乳白至淡黄色,后色转深(图274)。

图274　幼虫为害玉米

每年发生1代,以老熟幼虫在茧内越冬,7月上旬至下旬羽化成虫,7月中下旬至9月上中旬为幼虫危害期。

防治方法:①灯光诱杀。可在成虫发生期,于每晚19～22时利用黑光灯诱杀成虫。②化学药剂防治。幼虫大面积发生时,可喷施4.5%高效氯氰菊酯乳油1 000倍液,或20%虫酰肼悬浮剂1 500倍液,或25%溴氰菊酯乳油3 000倍液,或2.5%功夫菊酯1 000～1 500倍液进行喷雾防治。